高等教育旅游类专业应用型特色系列教材

宴会设计

（第二版）

主编 陈 戎 刘晓芬

广西师范大学出版社
·桂林·

图书在版编目(CIP)数据

宴会设计／陈戎,刘晓芬主编.—2版.—桂林:广西师
范大学出版社,2018.8(2022.7重印)
ISBN 978-7-5598-0967-4

Ⅰ.①宴… Ⅱ.①陈… ②刘… Ⅲ.①宴会-设计-高
等学校-教材 Ⅳ.①TS972.32

中国版本图书馆 CIP 数据核字(2018)第 140322 号

宴会设计
YANHUI SHEJI

出 品 人:刘广汉
责任编辑:周 伟
封面设计:沈晓薇
广西师范大学出版社出版发行

(广西桂林市五里店路 9 号 邮政编码:541004)
(网址:http://www.bbtpress.com)

出版人:黄轩庄
全国新华书店经销
销售热线:021-65200318 021-31260822-898
山东韵杰文化科技有限公司印刷
(山东省淄博市桓台县桓台大道西首 邮政编码:256401)
开本:787mm×1 092mm 1/16
印张:12.25 字数:270 千字
2018 年 8 月第 2 版 2022 年 7 月第 8 次印刷
定价:38.80 元

本书编写委员会

主　　　编　　　　陈　戎　刘晓芬

副　主　编　　　　王金凤　薛驰宇　唐　斌　陈传亚

　　　　　　　　　高　佳　车　燕　凌飞鸿　汉　思

编　　　委　　　　段太香

前　言

从古代的钟鸣鼎食到当代的国宴家宴，从孔夫子"食不厌精，脍不厌细"到今天琳琅满目、花色齐全的饮食，无不渗透着人们对饮食文化孜孜不倦的追求和坚持不懈的努力。"宴会设计"就是在此背景下产生的一种新型课程。本书充分吸收国际酒店宴会部的最新研究成果和实践经验，简明扼要，便于掌握。在内容设计上，主要以任务驱动的形式展开，每个项目的格式体例相同，一目了然。本教材共分八个项目，内容主要包括：宴会基础知识、宴会业务部门的组织和实施、宴会台面与台形设计、宴会菜单设计、宴会服务设计、宴会环境设计、宴会宣传设计和主题宴会设计。全书以项目为切入口，每个项目又分成多项任务，让学生作为工作人员身临其境，避免从理论到理论的教学模式，使学生以主人翁的姿态参与到教学之中。本书有如下三个方面的特点：

第一，采用项目教学法设计教材体系。本教材采用项目教学法设计教材体系，形成了围绕宴会部工作需求的新型讲授与训练项目，并按照酒店宴会部实际的典型工作流程设置八个教学项目，以适应理论与实践一体化的单元式教学模式。本教材的理论知识以必需、够用为原则，在每一项目中设置必须完成的几个任务，通过任务的完成，让学生体验宴会设计活动的整个过程；同时展示学生独立完成的成果并进行评价，从而提高学生分析问题和解决问题的能力。

第二，有丰富的训练案例。在典型案例的选取上，一方面力求将酒店宴会设计的最新成果融入教材内容中，拓展学生视野，培养学生设计宴会的创新能力；另一方面采用贯穿宴会设计整个过程的虚拟情境案例方式，使学生的实践能力得到强化。

第三，教材结构新颖。在教材结构的安排上，每一个项目都设有"项目导读""学习目标（包括知识目标、能力目标、素质目标）"；每一项目内容都分解为若干个层层递进的任务，任务完成后都有课后习题，达到温故知新的效果。

本书由陈戎、刘晓芬主编，王金凤、薛驰宇、唐斌、陈传亚、高佳、车燕、凌飞鸿、汉思任副主编，段太香参与了本书的编写工作。全书由陈戎总纂定稿。

本书在编写的过程中借鉴了相关教材的精华，由于篇幅有限，未能一一注明出处，敬请谅解，在此一并致谢。

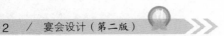

本书的出版得到了广西师范大学出版社以及相关院校领导和教师的大力支持，在此一并致谢。尽管编者在编写过程中力求表述准确、内容完整并反映酒店企业的最新发展变化，但由于时间仓促、水平有限，错漏之处在所难免，希望广大读者批评指正。

编者

2018 年 5 月

目　　录

项目一　宴会基础知识　1

　　任务一　认知宴会基础知识　1
　　任务二　认知宴会发展历程　6
　　任务三　认知宴会的类型　8
　　任务四　认知宴会的发展趋势　12
　　任务五　知晓宴会设计　14
　　任务六　知晓古今名宴　17

项目二　宴会业务部门的组织和实施　23

　　任务一　宴会业务部门的组织机构设置　23
　　任务二　宴会预订　29
　　任务三　宴会策划　34

项目三　宴会台面与台形设计　40

　　任务一　认知宴会台面设计知识　40
　　任务二　宴会花台制作流程　46
　　任务三　宴会台形设计　52
　　任务四　宴会台面设计实例赏析　54

项目四　宴会菜单设计　59

　　任务一　宴会菜单设计知识　59
　　任务二　宴会菜单制作方法　73
　　任务三　宴会菜单设计赏析　75

项目五　宴会服务设计　81

　　任务一　中餐宴会服务设计　81

　　任务二　西餐宴会服务设计　86

　　任务三　主题宴会服务的活动设计　94

　　任务四　宴会酒水服务设计　100

项目六　宴会环境设计　111

　　任务一　宴会环境氛围要求　111

　　任务二　宴会声光设计　120

　　任务三　宴会色彩设计　123

项目七　宴会宣传设计　134

　　任务一　宴会成本控制　134

　　任务二　宴会宣传方法　142

　　任务三　宴会促销设计　153

项目八　主题宴会设计　162

　　任务一　主题宴会概述　162

　　任务二　宴会主题策划　164

　　任务三　主题宴会策划程序　169

参考文献　186

项 目 一
宴会基础知识

【项目导读】

本项目有六个任务：任务一是认知宴会基础知识，阐述了宴会的含义、基本特点和作用；任务二是认知宴会发展历程，阐述了宴会的起源和演变；任务三是认知宴会的类型，阐述了按菜式划分宴会的类型、按规格和隆重程度划分宴会的类型、按菜品的构成特征划分宴会的类型、按性质与主题划分宴会的类型；任务四是认知宴会的发展趋势，阐述了宴会的营养化、节俭化、多样化、美境化、快速化和国际化的发展趋势；任务五是知晓宴会设计，阐述了宴会设计的概念、作用和要求、要素和内容、操作程序和必备知识；任务六是知晓古今名宴，阐述了中国古代名宴和中国现代名宴。

【学习目标】

1. 知识目标：了解宴会的定义、特征和分类，认识宴会在酒店经营中的地位和作用；了解宴会的起源、历史沿革以及发展趋势；掌握宴会设计的基础知识及操作程序；知晓中国古代与现代的名宴。

2. 能力目标：从分析问题求解的思维过程入手，让学生真正了解宴会设计的程序；能够熟练认知中国历代和当代名宴。

3. 素质目标：以人类学、民族学、考古学、历史学等多学科积累起来的事实材料为依据，剖析宴会的发展，肯定长处，解析不足，提高学生用历史唯物主义的观点去认识人类社会发展的意识。

宴会是人与人之间的一种礼仪表现和沟通方式，是人们生活中的美好享受，也是一个国家物质生产发展和精神文明进步的重要标志之一。今天，随着社会的不断发展和进步，宴会已超出单纯的风俗礼仪概念而成为一种新的文化产业现象。对其进行全面系统的研究，不仅具有积极的理论意义，而且对于指导餐饮企业及其他饮食服务机构进行宴会设计与管理亦具有现实参考价值。

◆—— 任务一　认知宴会基础知识 ——◆

一、宴会的含义

宴会是因习俗或社交礼仪需要而举行的宴饮聚会，又称燕会、筵宴、酒会，是社交与饮食结合的一种形式。人们通过宴会，不仅获得饮食艺术的享受，而且可增进人与人之间的交往。宴会上的一整套菜肴席面称为筵席，由于筵席是宴会的核心，因而人们习惯上常将这两个词视为同义词，但细分析起来，也有一定的差异。

"筵席"最早是古代的一种坐具，筵长、席短，铺在地上用蒲草、苇草编成的垫子叫"筵"，加铺于筵上的用蕉草编成的垫子叫"席"。地上铺设了筵席，人们的饮食起居更加方便，卫生状况得到改善，《礼记·乐记》《史记·乐书》都曾记述古代"铺筵席，陈尊俎"的设筵情况。起初筵席只是休息聊天时的坐具，后来人们在这种坐具上放置食物，席地而食。此后，"筵席"一词逐渐由宴饮的坐具演变为酒席的专称。由是观之，现在所说的筵席，应是宴会活动中人们食用的肴馔及其台面的统称，即"具有一定规格质量的一整套菜品"。

显然，筵席只是宴会的一个组成部分，而不是全部。宴会是一个包含多种活动，许多方面共同工作的集合体。筵席具体指一整套菜品，而宴会具体指包括宴席在内的专场活动；筵席注重菜品内容，而宴会既注重菜品内容又注重聚餐形式。所以，宴会与筵席既有区别又有联系，是包含与被包含的关系。

二、宴会的基本特点

（一）聚餐式

聚餐式是宴会形式的重要特征。聚饮会食是宴会的最基本特征。赴宴者通常由四种人组成，即主宾、随从、陪客与主人。主人是东道主；主宾是宴会的中心人物，常被安排在最显要的位置就座，宴饮中的一切活动都要围绕他进行。大家在同一时间、同一地点，品尝同样的菜点，享受同样的服务，为了一个共同的主题而聚饮会食。

（二）计划性

计划性是指实现宴会的手段，在社会交往活动中，人们举办宴会都是为了实现某种目的的需要。举办宴会者，对宴会有总体的谋划，这就需要有计划性，必须把举办宴会者的意愿细化成可以操作的宴会计划或者是宴会实施方案。

（三）规格化

规格化是宴会内容的重要特征。宴会内容讲究规格和气氛，气氛隆重，菜点丰盛，接待热情，礼仪规范。既然是盛宴，就必然要求礼仪程序井然，环境选择优美，菜点设计配套，烹饪制作精良，餐具精致整齐，整体布置恰当，席面设计考究，菜点组合协调，形成一定的格局和规程，情趣怡然，保持宴会祥和、欢快、轻松的气氛，给人以美的享受。

（四）社交性

社交性是宴会的目的特征。宴会是社交活动的重要形式。人们设宴皆有明显目的，如国际交往、国家庆典、亲朋聚会、红白喜事、饯行接风、疏通关系、酬谢恩情、乔迁置业、商业谈判以及欢度佳节等。总之，人们相聚在一起，品佳肴美味，谈心中之事，疏通关系，增进了解，加深情谊，从而实现社交目的。这正是宴会自产生以来几千年长盛不衰、普遍受欢迎的一个重要原因。

（五）礼仪性

宴会礼仪是赴宴者之间互相尊重的一种礼节仪式，也是人们出于交往目的而形成的为大家共同遵守的习俗，其内容广泛，如要求酒菜丰盛，仪典庄重，场面宏大，气氛热烈；讲究仪容的修饰、衣冠的整洁、表情的谦恭、谈吐的文雅、气氛的融洽、相处的真诚以及餐室布置、台面点缀、上菜程序、菜品命名、嘘寒问暖、尊老爱幼等；还要考虑因时配菜，因需配菜，尊重宾主的民族习惯、宗教信仰、身体素质和嗜好忌讳等。宴会主办者为了表达热情好客的态度，总希望能营造出一种热烈、隆重的气氛，上自国宴，下到民宴，礼仪愈是隆重，愈能体现主人对来宾的尊重和欢迎。如国宴，宴会厅内布置豪华讲究，悬挂国旗、会标，绿化环境，突出主宾席；宴会开始，奏两国国歌，席间播放席间曲，有关领导致祝酒词等，体现了国宴特有的豪华、庄重的气氛。民间婚宴虽不及国宴场面豪华，但其热烈程度丝毫不减。

1. 座位

古代传统宴会无论是在家还是在酒楼举行，主人多迎客于门。客至，相互致礼，迎入客厅小坐，先以茶点敬客。待宴会陈设俱备，宴请客人一一入席。一席的座次以左为上，称为首席，相对者为二座，依次类推。现代酒店中的宴会，吸取了西方宴会中以右为上的习俗，第一主宾就座于主人的右侧，第二主宾就座于主人的左侧或第二主人的右侧。客人坐定后，主人必敬酒，客必起立承之。每上菜，主人必殷勤让菜。宾客餐毕起身后，复让至客厅小坐，上茶，寒暄告别。宴会座位顺序各个时期不同，各个民族也不同。

2. 菜肴

宴会的菜肴要求精致，菜肴的组合要有高度的科学性、艺术性和技术性，应根据不同国家和地区的风俗习惯，制作不同风味的菜肴。宴会的菜肴包括：①冷菜。根据人数和标准的不同，可用大拼盘或4—6个小冷盘或中冷盘。除冷菜外，还应备有萝卜花、面包、水果、冷饮等。②汤。西餐汤与中餐不同，中餐宴会习惯饭后上汤，而西餐习惯吃完冷菜后上汤，然后再上热菜。③热菜。一般采用煎、炒、炸、烤、烩、焖等烹调方法烹制口味多样的菜肴。

3. 顺序

宴会须在一定的时间内进行，有一定的节奏。宴会开始前，服务员要摆桌椅、碗筷、刀叉、酒杯、烟灰缸、牙签等一切餐具和用具，冷菜于客人入席前12分钟摆上台，餐桌服务员、迎候人员及清扫人员要入岗等候。客到之前守候门厅，客到时主动迎接，根据客人的不同身份与年龄给予不同的称呼，请到客厅休息，安放好客人携带的物品，主客人休息时按上宾、宾客、主人的顺序先后送上香巾、茶、烟并帮助客人点烟。客人到齐后主动征询主人是否开席，经同意后即请客人入席，此时服务人员应主动引导，挪椅照顾入座，帮助熟悉菜单、斟酒。主宾发表讲话时，服务员要保持肃静，停止上菜、斟酒，侍立一旁，姿势端正，多人侍立要排列成行。

4. 时间把握

正式宴请宴会的时间一般以一个半小时为宜。要掌握好宴会的节奏，宴会开始时，宾客喝酒、品尝冷菜的节奏是缓慢的，待酒过三巡时开始上热菜。此时节奏加快，进入高潮，上主菜是最高潮。当上完最后一道菜时，服务员应低声通知主人。宴会快要结束时，应迅速撤去碗、碟、筷、杯等，换上干净台布、碟、刀，端上水果，同时上毛巾，供客人擦手拭汗，并做好送客准备。客人离席，要提醒其不要忘记物品。客人出门要主动道别，送出门外以示热情。

5. 其他

合理美味的菜肴、热情周到的服务、恰当掌握宴会的时间、控制上菜节奏及热情的迎送工作是圆满完成一次佳宴必不可少的因素。

【知识链接】

宴会礼仪之法国七忌①

答应对方的邀请后，如果因临时有事要迟到甚至取消约会，必须事先通知对方。赴会时稍迟是可以接受的，但若超过 15 分钟便会给对方不重视约会的坏印象。在点菜时自己应选定想吃的食物，如果看遍菜牌也没有头绪的话，可请侍应为你推荐餐厅的招牌菜，但要给明确的表示，如想吃海鲜、不吃红肉等，切忌事事拿不定主意，这样只会给同台客人添加麻烦。用餐要注意的细节甚多，但其实大部分都是日常的礼仪，只要保持冷静，不做大动作，不出声响或阻碍别人用餐即可。

（1）使用餐具最基本的原则是由外至内，完成一道菜后侍应会收去该份餐具，按需要补上另一套刀叉。

（2）吃肉类时（如牛扒），应从角落开始切，吃完一块再切下一块。遇到不吃的部分或配菜，只须将它移到碟边即可。

（3）如嘴里有东西要吐出，应将叉子递到嘴边接出，或以手指取出，再移到碟子边沿。整个过程要尽量不引起别人注意，之后自然地用餐便可。

（4）遇到豆类或饭一类的配菜，可以左手握叉平放碟上，叉尖向上，再以刀子将豆类或饭轻拨到叉子上便可。若需要调味料但伸手又取不到，可要求对方传递，千万不要站起来俯前去取。

（5）吃完抹手抹嘴切忌用餐巾大力擦拭，用餐巾的一角轻轻印去嘴上或手指上的油渍便可。

（6）就算椅子多舒服，坐姿都应该保持正直，不要靠在椅背上。进食时身体可略向前靠，两臂应紧贴身体，以免撞到隔壁。

（7）吃完每碟菜之后，如将刀叉四边放或者交叉乱放，则显得非常不雅观。正确方法是将刀叉并排放在碟上，叉齿朝上。

---

① 资料来源：http://baike.baidu.com/subview/685669/12033876.htm?fr=aladdin#3。

三、宴会的作用

宴会是酒店经营活动的一个重要部分，宴会经营的收入是增加酒店收入的重要来源，宴会产品的特色和质量是酒店总体管理和经营水平的重要组成部分，在扩大企业知名度、提高企业内部管理水平等方面，起到十分重要的作用。其具体表现如下：

（一）宴会是酒店重要的营业项目与利润来源

宴会经营的收入是增加酒店收入的重要来源。通常宴会厅的面积至少占酒店餐厅面积的35%—50%，宴会厅接待人数多，消费水平高，加之宴会毛利率高，因而是酒店餐饮部收入的重要来源之一。

（二）宴会是提高酒店声誉、增强企业竞争力的重要手段

宴会服务的宾客人数多，涉及面广，活动影响大，服务质量要求高，所以宴会厅是宣传酒店的最佳场所，是酒店重要的形象窗口。特别是有些宴会宾客的地位高或是社会名人，常常是新闻媒体宣传的焦点，在进行新闻报道的同时，酒店也得到了宣传，从而扩大了酒店的影响，提高了酒店的声誉。更重要的是，赴宴宾客对宴会服务与管理水平的评价，将会提高酒店的知名度，为酒店赢得良好的口碑，最终提高酒店品牌形象，增强企业竞争力。

【案例分析】

婚宴[①]

"五一"期间，酒店餐饮部二、三楼分别接待了两个规模及标准较高的婚宴，因当时人手紧张，部门申请了从酒店其他部门调配人手。各部门人员到位后，都被集中安排至备餐间进行传菜工作。在传菜过程中，一名保安因没听清楚传菜要求，将三楼的"湘辣霸王肘"传送到了二楼，导致二楼多上了一道菜。幸亏部门经理及时发现，并采取了相应的措施，但还是影响了三楼的上菜时间，使三楼的客人产生了不满。

因在事发当中，部门经理及时发现事情的严重性，并及时地采取了措施，虽没有造成客人极大的投诉，但给部门带来了一定损失。事后，部门经理召开紧急会议，对事件进行了细致的分析，并对管理人员进行了严厉的批评及处罚。

案例分析：此事件是由服务员及管理人员工作责任心不强、工作不仔细所造成。

（1）备餐间主管及领班在班前例会时，应将传菜的品种及路线等信息及要求准确地传达给外来帮手的员工。

（2）楼面服务员在上菜过程中，应仔细地核对菜单。

（3）宴会厅管理人员应在宏观上把握上菜的程序及要求。

从这个案例可以看出，宴会的服务与管理水平对酒店的声誉至关重要。

---

① 资料来源：曹希波.新编现代酒店服务与管理实战案例分析实务大全[M].北京：中国时代经济出版社，2013.

◆── 任务二 认知宴会发展历程 ──◆

宴会是社会生产发展的产物，宴会的起源与演变，是一个漫长而不断完善的历史进程，它随着人类社会的产生而产生，并随着人类物质文明和精神文明的发展而不断丰富自身的内涵。

一、宴会的起源

宴会起源于图腾祭祀。在旧石器时代晚期的母系氏族社会，每个氏族的名称就是这个氏族的图腾，图腾信仰是这个氏族的共同宗教，这是人类学、民族学确证的事实。"图腾"一词源于印第安语"Totem"，意思是"它的亲属"。为了在生存斗争中幸免于难，原始人除了采用积极的方法来抵御各种威胁之外，也因为对自然的无知，还采用一种幻想的消极的方式来求得自身的安全，这种方式就是认动物为父母兄弟或亲属。把动物当作自己的血缘亲属，认为人与动物可以结成友好联盟，从而它们便会永远不伤人，而且还能像自己的亲属一样，处处保护人，这种认亲形式的进一步深化，便是以某种特定的动物作为氏族的图腾，表示本氏族的所有成员与图腾动物的所有个体为同一族类。

图腾崇拜成为母系氏族社会头等重要的事件，献祭仪式是属于氏族全体成员的共同庆典。私人屠杀图腾动物的行为是"非法的"，只有在氏族所有成员都参加祭祀庆典时，他们才将图腾动物作为"神圣"的祭物，献祭后，依照规定，氏族内的所有人必须共享祭品，吃食图腾肉，他们相信当共同食用的"神圣"祭物到达体内后，不仅会使他们获得图腾的一部分勇气和力量，也使他们相互之间结成的"生死与共"的统一体更加巩固，更使他们的生命能与祭物的生命融为一个共同生命体。这是沟通和维系人与图腾之间永久神圣关联的唯一方法，因此他们每隔一段时间即要举行献祭仪式，共享一次祭物。因此图腾祭祀是宴会的起源，图腾圣餐就是最初的宴会形式。

二、宴会的演变

（一）孕育雏形时期

1. 夏商时期

夏商时期，宴会活动的最大特点是和祭祀结合在一起。原始氏族部落宗教演变为王权垄断宗教，王权与神权合一，夏朝自然的"原始宗教"逐渐变成"人为宗教"，整个夏王朝就是一个利用鬼神进行统治的初期奴隶制王国。祭祀是商王重视的国家大事，几乎是无日不祭，其祭祀的对象之广、名目之多、频率之繁、典仪之隆重、杀牲数量之惊人，在我国历史上是少有的。

夏商时期开创了有目的办宴会的先河。宴会从单纯的聚餐变成了为达到某种目的而采用的一种方法、手段与工具。夏商王朝的宴飨是"食以体政"的重要一环。这种做法对内用以笼络感情，对外用以加强与诸侯、群邑间的隶属关系和与方国的亲和友好关系。

2. 周朝时期

周灭商后，历史呈现出一种剧烈而深刻的转变，周王完备宗教祭祀之礼，使之制度化、法典化，更赋予其道德内容。周朝把宴会推及国家政事和社会生活的各个方面，各种宴会都要按照制度举行礼仪，所以各种宴会也通称为"礼"，因此这个时期宴会最大的特点是形成了以礼为核心的宴会制度。而且周朝时期改变了以往宴会主要为祭祀而设的惯例，出现了许多为活人而设的宴会制度，宴会有了一整套制度和礼仪规格，主要有：①宴会边列案制度；②详尽烦琐的礼仪形式和内容；③宴席菜肴制度；④献食制度。

3. 春秋战国时期

在这一时期，宴会已有设计的痕迹。《礼记》中记载的先饮酒，再吃肉菜，而后吃饭的宴会上菜程序已和现在大致一样，菜肴的摆放也有讲究，宴会陈设上也开始有区别。

（二）逐渐成长期

1. 秦汉时期

秦汉时期，国家的统一，铁和牛耕的普遍使用，促进了生产的发展和工商业的繁荣，宴会在餐位、气氛、礼仪以及菜点的质与量上不断演化，由席地而食发展至入席对坐，凭桌而食。宴会有了专业操办人员，有专职侍者斟酒分菜，有乐伎表演歌舞。宴会由宫廷走向了民间，民间礼乐宴请之风兴盛起来。

2. 魏晋时期

魏晋文酒之风兴盛，出现很多以文会友的雅宴，追求雅境、雅情、雅菜、雅趣，对中国宴会有着积极的影响。

3. 南北朝时期

南北朝时期，出现了类似矮桌的条案，改善了就餐环境和卫生条件；宴会名目增多，目的性增强；佛教的流传，孕育出早期的素席；宴席与民俗逐步融合，酒礼席规更受重视。

（三）突破提高时期

隋唐时期，国家发展蒸蒸日上、充满活力，宴会发展趋于成熟。宋元时期的宴会，呈现出两种截然不同的风貌：两宋时期的筵宴，以崇尚奢华靡费为特征；辽、金、西夏及元代的筵宴，以推崇粗犷雄浑为特征。可以说，隋朝到元朝这段时期，是我国宴会发展的突破提高时期。

1. 隋唐五代时期

（1）高足桌椅使分食制向共食制转变。

（2）讲究宴会环境。

（3）宴会类型丰富。

（4）酒令佐酒助兴。

（5）素宴快速发展。

2. 宋元时期

（1）出现穷奢极侈的豪门大宴。

（2）饮食市场上，出现了专管民间吉庆宴会的"四司六局"管理机构。

（3）出现粗放豪迈的少数民族宴会。

（4）开创宴席花台的先河。

（5）出现了特殊的带有浓厚政治色彩的"衣宴"——诈马宴。

（四）完善成熟时期

明清时期是中国古代宴会发展的鼎盛时期。随着这一时期社会经济的繁荣，食品原料的生产与烹饪技术的发展取得了超前的巨大成就，筵宴的结构与模式更趋多元化，内容更为丰富多彩，总体水平更高于前代，具体体现在如下方面：①富丽雅致的宴饮环境和食器；②明确区分目的和等级的宴会设计；③脱颖而出的各式全席；④登峰造极的满汉全席；⑤民间宴席名目繁多。

◆—— 任务三　认知宴会的类型 ——◆

宴会的类型很多，被人们广泛地应用于社会交往的方方面面，根据人们不同的宴请目的、规格、形式、礼仪等，可以分成不同的种类。

一、按宴会的菜式划分

（一）中式主题宴会

中式主题宴会是使用中式餐具、食用中国菜、采用中国式服务的宴会。中式主题宴会的礼遇规格高，接待隆重，多用于接待重要的客人及外宾，有高档、中档、低档宴会之分。中式主题宴会的台面设计、环境布置、菜肴酒水、服务方式、宴会礼仪等都必须遵照中国的文化传统，体现中国特点。目前，中式的婚宴、寿宴及迎宾宴会等已非常普遍。

（二）西式主题宴会

西式主题宴会是一种采用刀叉等西式餐具、采用西式摆台、食用西式菜肴、提供西式服务的宴会形式。西式主题宴会主要体现西方的饮食文化特色，根据菜式与服务方式的不同又可分为法式宴会、日式宴会、俄式宴会、美式宴会等。目前，西式主题宴会在我国也比较普遍和流行。

（三）中西合璧式主题宴会

由于中西饮食文化的交流，许多中餐菜肴都采用了中菜西吃的用餐方式，既保持了中菜的特点，又吸收了西菜用餐方式的长处，这是一种值得推广的宴会形式。

二、按宴会规格和隆重程度划分

（一）正式宴会

正式宴会一般是指在正式场合举办的气氛隆重、讲究礼仪程序的宴会形式。正式宴会中有时要悬挂国旗，奏国歌，主宾双方致辞等。正式宴会在席位的安排上非常讲究，一般主桌全部摆放席位卡，以便客人入席。宴会所选的菜肴点心要符合客人的饮食习惯，台面的设计、布置美观大方，服务人员的服务技能和水平高，宴会厅的整体环境布置要隆重、热烈。

（二）便宴

与正式宴会相比，便宴形式简单，不拘规格，不设席位卡，无致辞安排，宾主可随意交谈，气氛轻松。便宴有午宴、晚宴，也有早餐宴会，一般无明确的主题和重要的背景，宜用于日常友好往来。

（三）冷餐酒会

冷餐酒会起源于西方社会，但因其轻松简单的就餐形式，特别适用于各种交往活动，因而目前这种酒会形式在我国普遍受到欢迎。冷餐酒会是一种立餐形式的宴请活动，其菜肴的特点是以冷食为主，兼有热菜，有中式、西式或中西式结合的菜点，提前摆在餐桌上供客人自行取食。酒水饮料可摆放在饮料台上，也可由服务员端送。冷餐会不排座位，宾主之间可以广泛交际，自由交谈，拜会朋友。其消费可高可低，参加的人数可多可少，时间也较灵活。这种宴会形式多为政府部门或企业、贸易界举行人数众多的盛大庆祝会、欢迎会、开业典礼等活动所采用。

（四）鸡尾酒会

与传统、正式的宴会相比，鸡尾酒会给参与者以轻松、随意的氛围，不受约束，非常符合现代人的交往心理，同时它也是一种时尚、简约的聚会、餐饮方式。鸡尾酒会也是一种立餐形式，不排座次，宾客来去自由，不受约束。它以供应酒水为主，附有各种小吃，如炸薯片、小串烧、春卷、炸元宵等，可由客人用牙签取食。酒水可分置于小桌上，或由服务员端送。整个酒会气氛轻松活泼，热烈和谐。鸡尾酒会一般适用于各种招待会、新闻发布会、签字活动仪式等，或是在一些正式的、大型的宴会开始前作为一种前奏曲，以营造宴会气氛。

（五）茶话会

茶话会一般是社团、组织或单位在节假日或需要之时而举行的一种以茶点为主的聚会或答谢宴会形式，如"新春茶话会""联谊茶话会""老干部离休茶话会"等。茶话会的招待形式简单，重在欢聚，食在其次。茶话会一般不设座次，但人们习惯上有意识地将主人主宾安排在一起，其他人则随意入座。席间常安排一些文艺节目助兴。

另外，如果从主题宴会的规模来分，可将宴会分为大型宴会、中型宴会和小型宴会等。大型宴会多适用于国家、单位等大规模招待宾客需要；中型宴会可用于一些庆典、庆祝活动；小型宴会往往适用于亲朋聚会、商务宴请、家庭聚餐等，这类宴会具有很大的市场空间。

三、按宴会菜品的构成特征划分

按菜品构成特征来划分，宴会可以分为仿古宴会、风味宴会、全类宴会和素席四大类。

（一）仿古宴会

仿古宴会是指将古代较具有特色的宴会融入现代文化而产生的宴会形式。仿古宴的历史源远流长，从古至今都广为人知，它是根据"尊重历史，有根有据，菜品为主，环境为辅，取其精华，去其糟粕，有机融合，古为今用"等原则进行设计，不仅可以丰富宴会品种，进一步满足市场需求，创造良好的经济效益，而且可以弘扬中华文化，增强民族凝聚力。

（二）风味宴会

风味宴会是指宴会菜品、原料、烹饪技法和就餐与服务方式具有较强的地域性和民族性的宴会。它通常能够反映当地的物质及社会生活风貌，具有品种多、造型新颖、成本低廉、配菜科学、地方味浓、服务文雅、文化含量高的特点。

（三）全类宴会

全类宴会也称"全席"，这类宴会所有菜品均只能以一种原料，或者以具有某种共同特性的原料为主料制成，每种菜品所变化的只是配料、调料、烹饪技法、造型等，具体包含以下三种不同的含义：第一种含义是指宴会的所有菜品均以一种原料，或者以具有某种共同特性的原料为主料烹制而成；第二种含义是指凡有座汤，在座汤之后跟上四个座菜的宴会，座菜多为蒸菜，如海参席、鱼圆席等；第三种含义主要指"满汉全席"。

（四）素席

素席是一种特殊的全类宴席，指菜品均由素食菜肴组合而成的宴席。素席与素食有着密切的关系，我国传统素食主要有三个流派，即寺院菜、宫廷素菜和城市商业素食，这三个流派的素食对我国"素席"的内容和格局都有着重要的影响。

四、按宴会性质与主题划分

宴会主办者、主持者的身份以及举办宴会的目的决定了宴会的性质与主题。根据宴会的性质和主题，通常将宴会分为以下几类：

（一）国宴

国宴是国家元首或政府首脑为国家庆典及其他国际或国内重大活动，或为外国元首或政府首脑来访以示欢迎而举行的正式宴会。国宴通常被认为是一种接待规格最高、礼仪形式最为隆重的宴会。

（二）公务宴会

公务宴会是政府部门、事业单位、社会团体以及其他非营利性机构或组织因交流合作、庆功庆典、祝贺纪念等有关重大公务事项接待国内外宾客而举行的宴会。

（三）商务宴会

商务宴会是为了商务活动的需要而举办的宴会形式，在以接待商务型客人为主的酒店中，此类宴会举办得较多。与庆祝类宴会相比，商务宴请更注重环境的优雅与安静，气氛情调有品位，便于双方交谈。一般来说，商务宴会的消费水平较高，对服务质量的要求也很高，服务人员应能根据客人的行为及时提供相应的服务。

（四）庆祝宴会

庆祝类宴会主要在人们举行庆典、乔迁大喜、庆功表彰等时采用，而且随着社会交往形式的增多，将会产生更多性质和主题的宴会形式。庆祝类宴会的突出特点是讲究场面的隆重、气氛的热烈，喜庆式主题较为明显。如婚宴作为一种典型的庆祝类宴会，在场面的布置上宜突出喜气洋洋、和和美美、浪漫幸福的氛围。

（五）迎宾宴会

迎宾宴会是为了迎接远道而来的客人所举办的宴会，迎宾宴会的规格有高有低，可根据客人的身份、地位和宾主关系确定。为了突出对客人的尊重，宴会可设在独立的包厢，环境清雅，以便宾主双方畅所欲言，怀念叙旧。迎宾宴上所用菜肴点心应当以突出当地特色的名菜、名点为宜。宴会进行的时间一般来说可由客人自由决定，服务人员不可操之过急，以免引起客人不悦。

（六）休闲类宴会

休闲类宴会是为了满足人们休闲与餐饮活动的双重需要而举办的宴会形式。随着生活和工作节奏的加快，人的精神压力越来越大，人们便产生了通过休闲活动缓解压力，调整生理和心理健康的需求。而将休闲与美食宴会结合在一起，是一种新型的消费方式，于是休闲宴会应运而生了。比如北京凯莱大酒店的运动餐厅，就是以奥运五环为主题的宴会，涉及足球、篮球、赛车等不同的运动项目，而且拥有运动门类众多的小餐厅，宾客所见之处皆是运动的气息和氛围。

（七）民俗风情宴会

民俗风情宴会是以体现不同国家、地区、民族的民俗民风为主题的宴会。此类宴会可以选择的主题非常广泛，关键在于如何突出民俗特色，给消费者以全新的消费体验。如我国是一个多民族的国家，不同民族有不同的饮食习惯和民俗等，如果能够深挖某一民族的文化特色，将民族的服装、饰物、音乐、歌舞、餐具、菜点、习俗等表现出来，形成一个系统化的、完整的主题，就能够吸引消费者。

（八）农家乐宴会

这是以反映农家生活为主题的宴会形式。远离城市的喧嚣，回归自然的怀抱已成为众多城市消费人群的选择，因而在每个城市的周围都有许多农家乐型的旅游和餐饮形式。这类宴会活动的主题是借助于体现农家生活的场景、氛围、环境、菜肴等，将消费者从原有的生活方式中脱离开来，体验一种具有农家风味和山野特色的餐饮形式。此类宴会的设计要求必须体现出农家生活环境、生活内容的原汁原味性。如上海佘山的森林宾馆就是一座建立在山麓上的宾馆，其以佘山特产兰花笋为原料所精制的兰花笋宴非常有名。

（九）保健养生主题宴会

保健养生主题宴会是以倡导健康饮食为主题，为客人提供有益保健养生的就餐环境和菜肴、食品的宴会。此类宴会的特点是就餐的环境、设施有利于客人的健康需要；菜点、食品的选择和烹调从营养、卫生、生态、健康的角度出发，意在通过饮食有效地为客人的健康服务。此类宴会中，较多地用到了中国传统文化中药膳养生的食疗观念，并结合现代人所特有的一些健康问题，科学引导客人消费。如台北的"帝王轩"就是一家专门经营食补药膳宴的餐厅，其依据四时节气的变化推出了许多药膳菜品，很受客人的青睐。

（十）怀旧复古类宴会

此类宴会以怀旧复古为主题，通过历史的再现，给客人以身临其境的感受。如西安的"仿唐宴"、开封的"仿宋宴"、湖北的"仿楚宴"等，都通过对历史文化的深度挖掘，融入现代科技和文化元素，创造出一种怀旧复古的氛围。

（十一）以节日为主题的宴会

此类宴会借助于不同的节日，推出与节日的文化内涵相符的宴会形式，如"九九重阳登高宴""除夕团圆宴""中秋宴""圣诞美食宴"等。不同的节日都有不同的文化内涵及表现形式，开发节日宴会时应注意选择有针对性的消费群体，如"情人节""圣诞节"的主要消费对象在我国主要是青年人，宴会产品的开发应针对青年人的消费特征；而"中秋""除夕"宴会产品的开发则要针对家庭消费进行；"重阳"等节日宴会的开发要针对老年市场进行。

（十二）会展主题宴会

这是以会展为主题所举办的宴会形式。一个国家或地区会展举办的数量，象征着这个国家或地区的政治、经济、文化、科技等方面的实力程度。同样，伴随着会展的不断发展，就产生了会展旅游，而且会展旅游具有规模大、档次高、成本低、停留时间长、利润丰厚的特点，对当地的经济发展起着重要的推动作用。与会展服务相配套的就是会展餐饮，对于高标准的会展主题宴会来说，除了口味与品位外，更讲究的是氛围与气派。

◆—— 任务四　认知宴会的发展趋势 ——◆

宴会改革是宴会发展过程中的必然趋势，宴会艺术从其产生至今，已经经历了变革、创新、规范、再变革、再创新、再规范的演变和发展过程。21世纪的今天，是加快改革、扩大开放、加速经济发展、开拓前进的时代，这也必然促使生活领域进行改革，宴会也要改革，那些陈旧的传统观念和不科学、不合理的生活方式都要进行革新。从人类饮食文明的发展轨迹来看，当人类已完全解决温饱并达到"小康"生活水平后，饮食的质量不再是权力、地位、金钱的象征；饮食的功能应回到其本来的轨道，其社会功能应是人类生存、繁衍、发展的需要，其个体功能是人们保健、社交、娱乐的需要，这对提高人们的身体素质，使之有更加充沛的精力去从事物质文明和精神文明建设，具有十分重要的战略意义。宴会发展的大致趋势如下：

一、营养化

今后，营养科学会更多地被引入烹饪领域，宴会的饮食结构向营养化发展更趋合理、科学，绿色食品会越来越多地在宴会餐桌上出现。暴饮、暴食、酗酒、斗酒这类不文明的饮食行为会被人们逐渐认识其危害性而舍弃。宴会的营养化趋势具体表现形式主要是，根据国际、国内的科学饮食标准设计宴会菜肴，提倡根据就餐人数实际需要来设计宴会，要求用料广博，荤素调剂，营养配伍全面，菜点组合科学，在原料的选用、食品的配置、宴会的格局上，都要符合平衡膳食的要求。

二、节俭化

宴会反映了一个民族的文化素质，量力而行的宴会新风会被更多的社会各阶层人士所接受、提倡以至蔚然成风。上万元一桌的"豪门宴"，菜肴中包金镶银的奢靡之风乃至捕杀国家明令禁止的野生动物的违法行为会得到有效遏制。奢侈将成为历史，提供"物有所值"的宴会产品是未来的主流。讲排场、摆阔气、相互攀比的"高消费"不正之风会随着"双文明"建设的发展而逐步消亡。

三、多样化

所谓多样化，即宴会的形式会因人、因时、因地而宜，显现需求的多样化，而宴会因适合这种需求会出现各种形式。宴会要有地方风情和民族特色，即能反映某酒店、地区、城市、国家、民族所具有的地域、文化、民族特色，使宴会呈现精彩纷呈、百花齐放的局面。如对待外地宾客，在兼顾其口味嗜好的同时，可适当安排本地名菜，发挥烹调技术专长，显示独特风韵，以达到出奇制胜的效果。

四、美境化

宴会的美境化趋势主要是指宴会的外观环境和室内环境布置两个方面。人们特别关注室内环境的布置美，关心宴会的意境和气氛是否符合宴会主题。诸如宴会厅的选用、场面气氛的控制、时间节奏的掌握、空间布局的安排、餐桌的摆放、台面的布置、台花的设计、环境的装点、服务员的服饰、餐具的配套、菜肴的搭配等都要紧紧围绕宴会主题来进行，力求创造理想的宴会艺术境界，给宾客以美的艺术享受。

五、快速化

快速化，即宴会所使用的原料或某些菜肴，会更多地采用集约化生产方式生产，半成品乃至成品会快速出现在宴会的餐桌上。

六、国际化

烹饪文化的国际交流给中国饮食文化的发展带来新的活力。宴会的国际化，即宴会的形式会更向国际标准靠拢，同国际水平接轨，这是改革开放、东西方烹饪文化交流的必然结果，也是迎合各国旅游者、商务客户需要的市场自然选择。

总之，强调进餐环境、宴会气氛和服务水准，更加节俭、文明、实效、典雅的新型宴会观念将会成为社会发展趋势。

任务五　知晓宴会设计

一、宴会设计的概念

宴会设计是根据宾客的要求和承办酒店的物质条件和技术条件等因素，对宴会场境、筵席台面、宴会菜单及宴会服务程序等进行统筹规划，并拟出实施方案和细则的创作过程。宴会设计是一种综合的、广义的设计，它既是标准设计，又是活动设计。所谓标准设计，是对宴会这个特殊商品的质量标准（包括服务质量标准、菜点质量标准）进行的综合设计；所谓活动设计，是对宴会这种特殊的宴饮社交活动方案进行的策划、设计。

二、宴会设计的作用和要求

（一）宴会设计的作用

1. 计划作用

宴会设计方案就是宴饮活动的计划书，它对宴饮活动的内容、程序、形式等起到了计划作用。举办一场宴会，要做的事情很多，从与顾客洽谈到原料采购，从环境布置、卫生清扫到餐桌摆台、灯光音响，从菜单设计、菜品加工到上菜程序、酒水服务……所有这些涉及餐饮部乃至酒店的许多部门和岗位，如果事先没有一个计划，没有一个统筹安排，很有可能造成各行其是、缺乏协调的无序状态。

2. 指挥作用

一个大型的宴饮活动既要统一指挥，又要让每一位员工发挥工作主动性。宴会设计方案制订并下达以后，各部门、各岗位的员工就应该按照设计方案中规定的要求去做：采购员按照菜单购买原料；厨师根据菜单加工烹调；服务员根据桌数、标准及其他要求进行摆台、布置。从一定意义上讲，宴会设计方案就像一根指挥棒，指挥着所有宴会员工的操作行为和服务规范。

3. 保证作用

宴会是酒店出售的一种特殊商品，这种商品既包含有形成分——菜肴，也包含无形成分——服务。既然是商品，就有质量标准。宴会设计如质量保证书，厨师、服务员等根据已设计的质量标准去做，才能确保宴会质量。因此，宴会设计对宴会质量具有一定的保证作用。

（二）宴会设计的要求

1. 突出主题

宴会都有目的，目的就是主题，围绕宴饮目的，突出宴会主题，乃是宴会设计的宗旨。如举办国宴的目的是想通过宴饮达到国家间相互沟通、友好交往，因而在设计上要突出热烈、友好、和睦的主题气氛；婚宴是庆贺喜结良缘，设计时要突出吉祥、喜庆、佳偶天成的主题意境。根据不同的宴饮目的，突出不同的宴会主题，是宴会设计的起码要求；反之，如果不了解东道主（顾客）的宴饮目的，宴会设计脱离了宴会主题，那么轻者可能会导致顾客投诉，重者可能会导致整个宴会失败。

2. 特色鲜明

宴会设计贵在特色，可在菜点、酒水、服务方式、娱乐、场境布局或台面上来表现。不同的进餐对象，由于其年龄、职业、地位、性格等不同，其饮食爱好和审美情趣也不一样，因此宴会设计不可千篇一律。

宴会特色的集中反映是它的民族特色或地方特色，通过地方名特菜点、民族服饰、地方音乐、传统礼仪等展示宴会的民族特色或地方风格，反映一个地区或民族淳朴民俗风情的社交活动。宴会还应突出本酒店的浓厚风格特征，如武汉某大酒店的"猴王宴"，突出了《西游记》的文化特色；武汉某酒楼的宴会始终贯穿"饮食讲科学，营养求均衡"的思想，宴会菜点的"营养科学"特色尤为鲜明。

3. 安全舒适

宴会既是一种欢快、友好的社交活动，同时也是一种颐养身心的娱乐活动。赴宴者乘兴而来，为的是获得一种精神和物质的双重享受，因此，安全和舒适是所有赴宴者的共同追求。在进行宴会设计时要充分考虑和防止如电、火、食品卫生、建筑设施、服务活动等不安全因素的发生，避免顾客遭受损失。优美的环境、清新的空气、适宜的室温、可口的饭菜、悦耳的音乐、柔和的灯光、优良的服务是所有赴宴者的共同追求，构成了舒适的重要因素。

4. 美观和谐

宴会设计是一种"美"的创造活动，宴会场境、台面设计、菜点组合、灯光音响乃至服务人员的容貌、语言、举止、装束等，都包含许多美学内容，体现了一定的美学思想。宴会设计就是将宴会活动过程中所涉及的各种审美因素进行有机组合，达到一种协调一致、美观和谐的美感要求。

5. 科学核算

宴会设计从其目的来看，可分为效果设计和成本设计。前面谈到的四点要求，都是围绕宴会效果来设计的。酒店举办宴会，其最终目的还是为了盈利，因此，在进行宴会设计时还要考虑成本因素，对宴会各个环节、各个消耗成本的因素要进行科学、认真的核算，以确保宴会的正常盈利。

三、宴会设计的要素

（一）人

宴会设计中人的要素包括设计者及餐厅服务人员、厨师、宴会主人、宴会来宾等。宴会设计者是宴饮活动的总设计师、总导演、总指挥，其学识水平、工作经验是宴会设计乃至宴会举办成功与否的关键。餐厅服务员是宴会设计方案的具体实施者，要根据服务人员的具体情况，做出合理的分配和安排。厨师是宴会菜品的生产者，要充分了解厨师的技术水平和风格特征，然后对筵席菜单做出科学、巧妙的设计。宴会主人是宴会产品的购买者和消费者，在进行宴会设计时一定要考虑迎合主人的喜好，满足主人的要求。宴会来宾是宴会最主要的消费者，要充分考虑来宾的身份、习惯等因素，进行针对性设计。

（二）物

宴会设计中物的要素指宴会举办过程中所需要的各种物质设备，这是宴会设计的前提和基础，包括餐厅桌、椅、餐具、饰品、厨房炊具、食品原料等。宴会设计必须紧紧围绕这些硬件条件进行，否则，脱离实际的设计肯定是要失败的。

（三）境

境指宴会举办的环境，包括自然环境和建筑装饰环境等。环境因素影响宴会设计，繁华闹市临街设宴与幽静林中的山庄别墅设宴，豪华宽敞的大宴会厅设宴与装饰典雅的小包房设宴，金碧辉煌的现代餐厅设宴与民风古朴的竹楼餐厅设宴的设计都不一样。

（四）时

时指时间因素，包括季节、订餐时间、举办时间、宴会持续时间、各环节协调时间等：季节不同，筵席菜点用料有别；中餐与晚餐性质有一定的差异；订餐时间与举办时间的距离长短，决定宴会设计的繁简；宴会持续时间的长短，决定服务方式和服务内容的安排；大型或重要宴会VIP活动内容的时间安排与协调，影响整个宴饮活动的顺利进行。

（五）事

事指宴会为何事而办，要达到何种目的。不同的宴事，其环境布置、台面设计、菜点安排、服务内容是不尽相同的，宴会设计要因事设计，设计方案要突出和针对宴会主题——宴事，不可偏离或雷同。

四、宴会设计人员应具备的知识

（一）餐饮服务知识

宴会设计师应有丰富的餐饮服务经验，通晓餐饮服务业务，这样才能掌握规律，设计出切合实际的服务程序，便于服务人员操作。

（二）饮食烹饪知识

一套筵席菜单中各类菜品不下20种，菜品又是从成百上千道菜品中精心选配而成，因此，宴会设计师要掌握大量的菜肴知识，其中包括每道菜的用料、烹调方法、味型特点等，并要熟知不同菜点组合、搭配的效果。

（三）成本核算知识

宴会是一种特殊的商品，必须先和客人谈定宴会价格标准（包括宴会质量要求），然后根据价格提供产品。因此，宴会设计师应掌握成本核算知识，对宴会所付出的直接成本和间接成本做出科学、准确的核算，以确保酒店正常盈利。

（四）营养卫生知识

宴会菜肴应讲究营养成分的科学组合。宴会设计师必须了解各种食物原料的营养成分状况、烹调对营养素的影响、各营养素的生理作用以及宴会菜肴各营养素的合理搭配和科学组合等。

（五）心理学知识

顾客由于年龄、性别、职业、信仰、民族、地位等各不相同，文化修养、审美水平各异，对宴会的消费心理也各不相同。了解、摸清不同顾客的心理追求，具有相当大的难度。正因为如此，宴会设计师必须掌握一定的心理学知识，摸准顾客的消费心理，投其所好，尽量满足顾客的心理需求。

（六）美学知识

宴会设计要考虑时间与节奏、空间与布局、礼仪与风度、食品与器具等内容，这些无不需要美学原理作为指导。每一场宴会设计，实际上都是一次生活美的创造。宴会设计师通过对宴饮活动中涉及的各门类美学因素进行巧妙的设计和融合，形成一个综合的、具有饮食文化特色且充满美学意蕴的审美活动。

（七）文学知识

一个好的菜名，食者未尝其味而先闻其声，可以起到先声夺人的效果。给菜肴命名需要有一定的文学修养。除了菜肴命名外，民间许多菜肴的传说也饱含着浓厚的文学色彩，如果在宴席上安排服务员进行巧妙的解说，也会起到烘托宴会气氛的作用。

（八）民俗学知识

"十里不同风，百里不同俗"，宴会设计要充分展示本地的民风民俗，同时也要照顾与宴者的生活习俗和禁忌，切不可冲犯。

（九）历史学知识

探讨饮食文化的演变和发展，挖掘和整理具有浓郁地方历史文化特色的仿古宴，如研制"仿唐宴"，必须对唐代历史、社会生活史有一定的了解，并结合出土文物和民间风俗传承，才能设计出一套风格古朴、品位高雅的宴席来。

（十）管理学知识

宴会方案的设计与实施都是一个管理问题，它包括人员管理（人员合理安排、定岗、定责等）、物资管理（宴会物资的采购、领用、消耗等）、现场指挥管理等。宴会设计师必须了解管理学的一般原理、餐饮运行的一般规律以及宴会的服务规程。

◆── 任务六　知晓古今名宴 ──◆

一、中国古代名宴

（一）八珍宴

八珍宴是我国迄今发现最早的宫廷宴会，由六菜二饭组成，专供周天子食用。所谓的"八珍"是指"淳熬、淳母、炮豚、炮羊、肝膋、熬、渍、捣珍"。"淳熬"是肉酱油烧稻米饭；"淳母"

是肉酱油烧黄米饭；"炮豚"是煨烤炸炖乳猪（将小猪先烤、后炸再隔水炖）；"炮羔"是煨烤炸炖母羔；"肝菅"是网油包烤狗肝（将狗肝切丝裹油网炸之）；"熬"是类似五香牛肉干（以牛肉块熬煮而成）；"渍"是酒糟牛羊肉；"捣珍"是合烧牛、羊、鹿里脊。八珍宴的出现，表明了我国当时烹饪技艺的精美性，并对后代产生了重要影响；而且，当时天子就餐时已经非常讲究宴会的气氛和情调，还有乐队伴奏以促食欲。八珍宴反映了当时奴隶社会统治者的饮食风气。

（二）楚宫宴

楚宫宴是楚文化的发掘，是楚文化的一种物质表现形式，包括主食（4—7种）、肴（8—18种）、点心（2—4种）、饮料（3—4种）四大类别。"世上千古奇葩楚文化，天下第一御宴楚宫宴。"楚宫宴具有比其他宫廷宴更丰富的文化内涵，不仅原料广泛，烹调方法多样，而且有乐师演奏、宫女起舞，让人们在无拘无束、自由洒脱、奇妙瑰丽的歌舞中感受"巫文化"的原始野蛮和力量，还能从丰富多彩的饮食器皿中领略楚民族在艺术上的造诣和思想上的修养。

（三）酬酢宴

酬酢宴是我国有文字记载的最早强调饮食礼仪的一种宴会，早在《礼记》中就有着宴会食序的记载。在有16种菜肴的宴会上，菜肴分别排成4行，每行4个。带骨的菜肴放在主位的左边，切的纯肉放在右边。饭食靠在食者左方，羹汤则放在右方。切细的和烧烤的肉类放远些，醋和酱类放近些。蒜葱等佐料放在旁边。酒浆等饮料和羹汤放在同一方向。如果陈设干肉、牛脯等，弯曲的在左，挺直的在右。

宴会有献宾之礼：先由主人取酒爵到宾客席前请进，称为"献"；次由宾客还敬，称为"酢"；再由主人把酒注入觯后，先自饮而后劝宾客随着饮，称"酬"，以上程序合起来叫作"一献之记礼"。

（四）文会宴

文会宴是中国古代文人进行文学创作和相互交流的重要形式之一，形式自由活泼，内容丰富多彩，追求雅致的环境和情趣，一般多选在气候宜人的地方。席间珍肴美酒，赋诗唱和，莺歌燕舞。历史上许多著名的文学和艺术作品都是在文会宴上创作出来的。与其他宴会相比，文会宴把饮宴与吟诗作赋结合起来，以文会友，重在文会，而席间之食品、菜点则次之，饮宴只是手段，起调节气氛的作用。

（五）烧尾宴

烧尾宴，古代名宴，专指士子登科或官位升迁而举行的宴会，盛行于唐代，是中国欢庆宴的典型代表，堪与"满汉全席"相媲美。所谓"烧尾宴"，据《封氏闻见录》云，士人初登第或升了官级，同僚、亲友前来祝贺，主人要准备丰盛的酒馔和乐舞款待来宾，名为"烧尾"，并把这类筵宴称为"烧尾宴"。

"烧尾宴"是唐代著名的宴会之一，该风习是从唐中宗景龙时期（707—710年）开始的，玄宗开元（713—741年）中停止，仅仅流行了20年光景。关于"烧尾"的含义，说法不一：一说老虎变成人时，要烧断其尾；二说羊入新群，要烧焦旧尾才被接纳；三说鲤鱼跃龙门，经天火烧掉鱼尾，才能化为真龙。

唐前期社会安定，四邻友好，农业达到了超越前代的水平，我国封建社会政治、经济、文化发展达到前所未有的高度，举国上下一派歌舞升平的繁荣景象。国都长安，更有"冠盖满京华"之称，是财富集中、人才荟萃、中西方文化交流的中心。这为饮食行业的兴旺发达创造了良好的条件。从整体上来说，人们的生活安定了，生活水平提高了，而达官贵人、富商大贾过的更是"朝朝寒食，夜夜元宵"的豪华奢侈生活。"烧尾宴"就是这个时期丰富的饮食资源和高超的烹调技术的集中表现，是初盛唐文化的一朵奇葩。从中国烹饪史的全过程来看，"烧尾宴"汇集了前代烹饪艺术的精华，同时给后世以很大影响，起了继往开来的作用；如果没有唐代的"烧尾宴"，也不可能有清代的"满汉全席"。中华美馔的宫殿，就是靠一代一代、一砖一瓦的积累，逐步盖起来的。

（六）皇寿宴

皇寿宴是古代宫廷为皇帝庆贺生辰而举办的宴会，兴于唐，盛于宋。其特点是气氛活泼热烈；音乐舞蹈、体育竞技交映生辉；规模宏大，参加者多在万人以上，以彰与民同乐之意；宴饮、娱乐互相穿插，结合完美。

（七）诈马宴

诈马宴是蒙古族特有的庆典宴飨整牛席或整羊席。"诈马"，蒙古语是指退掉毛的整畜，意思是把牛、羊等家畜宰杀后，用热水退毛，去掉内脏，烤制或煮制上席。

元代诈马宴是元代宫廷或亲王在行使重大政事活动时所举行的宴会，这种大宴展示出蒙古王公重武备、重衣饰、重宴飨的习俗，较之宋皇寿筵气派更大，欢宴三日，不醉不休。赴宴者穿的质孙服每年都由工匠专制，皇帝颁赐，一日一换，颜色一致。菜品主要是羊，用酒很多。在这种大宴上，皇帝还常给大臣赏赐，得到者莫大光荣。有时在筵宴上也商议军国大事。此活动带有浓厚的政治色彩，因而是古典筵席的一个特例。

（八）千叟宴

千叟宴是清朝宫廷的大宴之一，最早始于康熙，盛于乾隆时期，是清宫中规模最大、与宴者最多的盛大御宴，在清代共举办过4次。清帝康熙为显示治国有方、太平盛世，并表示对老人的关怀与尊敬，因此举办"千叟宴"。现在我国比较有名的"千叟宴"是于2006年10月28日在广西永福举行的，此次"千叟宴"上年龄最大的寿星为105岁，最小的70岁，百岁以上的老人有5位，平均年龄75岁，该宴已成功申请"吉尼斯世界纪录"。

（九）满汉全席

满汉全席是我国筵宴发展史上的一个高峰，是我国一种具有浓郁民族特色的巨型宴席，起源于清朝宫廷，原为康熙66岁大寿的宴席，旨在化解满汉不和，后世沿袭这一传统，加入珍馐，极为奢华。

乾隆甲申年间李斗所著《扬州书舫录》中记有一份满汉全席食单，是关于满汉全席的最早记载。满汉全席菜点精美，礼仪讲究，形成了引人注目的独特风格。入席前，先上两对香、茶水和手碟；台面上有四鲜果、四干果、四看果和四蜜饯；入席后先上冷盘，然后炒菜、大菜、甜菜依次上桌。满汉全席分为六宴，均以清宫著名大宴命名，汇集满汉众多名馔，择取时鲜海味，搜寻山珍异兽。全席计有冷荤热肴196品，点心茶食124品，计肴馔320品；合用全套粉彩万寿餐具，配以银器，富贵华丽，用餐环境古雅庄重。席间专请名师奏古乐伴宴，沿典雅遗风，礼仪严谨庄重，承传统美德，令人流连忘返。全席食毕，可使人领略中华烹饪之博精、饮食文化之渊源，尽享万物之灵之至尊。

二、中国现代名宴

（一）全聚德烤鸭席

全聚德烤鸭席是以北京填鸭为主料烹制各类鸭菜组成的筵席，首创于中国北京全聚德烤鸭店。其特点是：一席之上，除烤鸭之外，还有用鸭的舌、脑、心、肝、胗、胰、肠、脯、翅、掌等为主料烹制的不同菜肴，故名"全鸭席"。

全聚德烤鸭店原以经营挂炉烤鸭为主，后来围绕烤鸭，供应一些鸭菜的就餐方式，即成为全鸭席的雏形。随着全聚德业务的发展，厨师们将烤前从鸭身上取下的鸭翅、鸭掌、鸭血、鸭杂碎等制成全鸭菜。到20世纪50年代初，全鸭菜品种已发展到几十个。在此基础上，对鸭子类菜肴不断进行研究、改革和创新，研制出以鸭子为主要原料，加上山珍海味，精心烹制的全鸭席。

（二）洛阳水席

洛阳水席是河南洛阳一带特有的汉族传统名宴，属于豫菜系。洛阳水席始于唐代，至今已有一千多年的历史，是中国迄今保留下来的历史最久远的名宴之一。水席起源于洛阳，这与其地理气候有直接关系。洛阳四面环山，雨少而干燥。古时天气寒冷，不产水果，因此民间膳食多用汤类。之所以称为"水席"，一是它的每道菜都离不开汤汤水水；二是一道道地上，吃一道换一道，仿佛行云流水一般。

洛阳水席的特点是有荤有素、选料广泛、可简可繁、味道多样，酸、辣、甜、咸俱全，舒适可口。全席共设24道菜，包括8个冷盘、4个大件、8个中件、4个压桌菜，冷热、荤素、甜咸、酸辣兼而有之。上菜顺序极为考究，先上8个冷盘作为下酒菜，每碟是荤素三拼，一共16样；待客人酒过三巡再上热菜：首先上4大件热菜，每上一道跟上两道中件（也叫"陪衬菜"或"调味菜"），美其名曰"带子上朝"；最后上4道压桌菜，其中有一道鸡蛋汤，又称"送客汤"，以示全席已经上满。热菜上桌必以汤水佐味，鸡鸭鱼肉、鲜货、菌类、时蔬无不入馔，丝、片、条、块、丁，煎、炒、烹、炸、烧，变化无穷。不过，民间的水席做法有很多种，比如有的最后一道菜是"八宝"。

洛阳人把水席看成是各种宴席中的上席，以此来款待远方来客。它不仅是盛大宴会中备受欢迎的席面，就是平时民间婚丧嫁娶、诞辰寿日、年节喜庆等礼仪场合，人们也惯用水席招待至亲好友，人们亲切地称它为"三八桌"。它作为传统的饮食风俗，和传统的牡丹花会、古老的龙门石窟并称为"洛阳三绝"，被誉为古都洛阳的三大异风，成为洛阳人的骄傲。

（三）三叠水

"三叠水"，又称"朝阳一品宴"，是云南红河州建水县临安古城的高档名宴，因菜式丰富，酒宴时间长，上菜三套，故而得名。"三叠水"形成于明末，兴于清朝，清代中叶至民国年间成熟并向更高层次发展。据说当时的达官显贵、富商乡绅在节庆和大喜之日，均请名厨主厨。

在有贵客来访时，纳西人的最高礼仪就是"三叠水"。按所上菜的口味分三次上席：第一叠以甜点类为主，如米糕、蜜饯、果脯、时鲜的果类食品；第二叠是凉菜类，其中包括丽江特产吹肝、凉粉，还有火腿、豆腐干等；第三叠才是熟食类，主要以蒸菜为主，又根据季节出产的物产不同有所不同。这三叠水中包括了山珍海味、纳西族地方风味和特产小吃，可以说是纳西人的"满汉全席"。

（四）长鱼宴

长鱼宴是江苏的一道汉族传统名菜，江苏洪泽盛产长鱼（又称"鳝鱼"），根据《洪泽湖志》记载："洪泽长鱼，肉嫩性纯，俗名'策杆青'。"经过洪泽历代厨师精心研制，形成了传统名菜"长鱼宴"。高明的厨师能用长鱼作主菜摆宴席，每天一席，连续三天，做出108样，形式各异，味道不同，新鲜可口。传统长鱼菜谱每席八大碗、八小碗、十六碟子、四个点心。

（五）田席

田席是四川民间喜庆筵席，始于清代中叶，因常设在田间院坝，故称"田席"。最初是秋后农民庆贺丰收宴请相邻亲朋好友举办的，以后发展为婚宴、寿宴、迎春及办丧事时的筵席。筵席一般为三段式格局，即冷菜与酒水，热菜与小吃、点心，饭菜与水果。田席的档次规格不受限制，品种也不尽相同，以蒸菜烧烩为主，其中很多被城市餐馆吸收消化，成为大众川菜，如清蒸杂烩、攒丝杂烩、酢肉、扣肉、扣鸡、甜烧白、咸烧白、粉蒸肉、红烧肉、夹沙肉、酥肉、清蒸肘子等。

田席亦称"九大碗""九斗碗"，这一称谓形象地概括了该筵席的席面特征。"九"是指菜品的数量，既实指主菜为九品，也具有多种附加含义：古汉语中常以"九"指代数量众多，用在这里表示筵席菜品之丰盛；同时借"九"与"久"谐音，来表达人们的良好祝愿。如称婚宴的九大碗为"喜九"（意谓天长地久），称寿宴的九大碗为"寿九"（意谓寿比南山）。盛菜器皿是乡下常用的大号碗，俗呼"斗碗"。实际上，"九大碗"只是不同规格档次的田席中的一种，因九碗是最常见的标准，故后人以此代指。除"九斗碗"之外，还有六菜一汤的"七星剑"、四冷碟九行菜的"杂烩席"、九围碟九大菜一佐汤的"九围碟"。有钱人家也有十一碗，但不可以是八碗或十碗，尤其是十碗，因为喂猪的猪槽一般都是用石头做的，民间相沿，把"吃十（石）碗的"作为骂人是猪的隐语，所以不能用十碗菜来招待客人。

◆—— **课后习题** ——◆

一、思考题

1. 简述筵席和宴会的主要区别。

2. 按性质与主题划分，宴会可分为哪几类？

3. 简述宴会的发展趋势。

4. 宴会的特点有哪些?

二、案例分析题

酒店服务员变漂亮了①

上海某酒店开展微笑大使评选活动，提倡每位员工都提供微笑服务。为使微笑服务能真正令客人满意，酒店管理人员通过对员工微笑服务的日常检查和征求客人的意见等方式来考核微笑服务的效果。

当管理人员进行日常检查时，发现员工的微笑服务非常到位。但当管理者征求客人的意见时，却得知客人对酒店员工的评价是："你们这儿的服务员都是冰美人，没有几个会笑的。"

酒店经过深入的调查和分析后，发现服务员只对管理者微笑而冷淡了客人，其原因是管理者在检查中，以一种严厉的态度对待员工，一旦发现员工没有微笑就会当场开违纪单。因此，员工只得对管理者微笑，但心里感到非常压抑和不舒服，为了缓解这种压力和不舒服的感觉，就将管理者对待他们的态度转嫁到了客人身上。

为此，酒店专门召开了微笑研讨会，请相关的管理者和员工代表参加。最后一致认为，酒店要求员工做到的，管理者也应该做到，即员工对客人微笑，而管理者除了对客人微笑之外，还要向员工微笑。

一周之后，酒店再次征询客人意见，客人们一致反映，酒店的服务员变得漂亮起来了，因为她们不再是冷冷的冰美人，而是会笑的"解语花"。

思考:

1. 客人对酒店员工的评价是："你们这儿的服务员都是冰美人，没有几个会笑的"，造成这种现象的原因是什么?

2. 通过本案例的学习，为了提升酒店形象，你认为提高酒店服务水平的方法还有哪些?

三、情境实训

1. 上网查找古今名宴的资料，并结合所学分析该名宴的特色是什么。

目的：使学生根据实例充分认识古今名宴的相关知识。

要求：列举古今名宴至少各三个，分析充分。

2. 选择当地四星、五星级酒店宴会部，调查宴会部最受客人欢迎的主题宴会，并对其设计进行比较分析。

目的：通过调查分析使学生了解主题宴会在实际中的应用情况。

要求：小组调查，提交报告，选择本地四星级以上酒店。

---

① 资料来源：曹希波. 新编现代酒店服务与管理实战案例分析实务大全 [M]. 北京：中国时代经济出版社，2013.

【项目导读】

　　本项目有三个任务：任务一是宴会业务部门的组织机构设置，阐述了宴会业务部门组织机构设置的原则、组建方式和宴会部日常组织管理工作；任务二是宴会预订，阐述了宴会预订的基本方式、主要内容、工作程序及注意事项；任务三是宴会策划，阐述了宴会策划的内容和步骤。

【学习目标】

　　1.知识目标：了解常见宴会业务部门的组织形式及宴会部日常组织工作；熟悉宴会预订的常见方式及预订程序；熟悉宴会业务部门各岗位的工作职责。

　　2.能力目标：通过系统的理论知识学习，能根据企业需要进行宴会业务部门组织机构设置；能进行宴会预订工作并制作宴会预订合同。

　　3.素质目标：通过介绍宴会业务部门的构成及日常管理工作，使学生树立起宴会服务与管理的全局意识、团队协作意识。

　　宴会业务部门在酒店或餐饮企业中通常被称为"宴会部"，它既可以作为酒店或餐饮企业一个相对独立的部门，也可以是隶属于酒店或餐饮企业餐饮部的下属部门，其主要任务是负责中西餐宴席、酒会、婚宴庆典会及招待会、茶话会等的销售、组织实施、接待业务。要想宴会部高效、有序地运转，为所属酒店或餐饮企业创造最佳社会效益和经济效益，必须建立结构合理的宴会业务组织机构，制定严格的管理制度和岗位责任制度，使每位员工明确各岗位的工作职责和任务，各行其职，共同为宴会部的总目标而努力。

◆── 任务一　宴会业务部门的组织机构设置 ──◆

一、组织机构设置的原则

　　宴会部组织机构设计必须遵循一定的原则，各企业可根据这些原则，结合企业本身的营运特点，设计出符合实际业务需要且具特色的组织机构。

　　（一）根据宴会业务需要设计组织机构

　　宴会部的工作内容大体相似，通常包括主题宴会策划与销售、预订菜单设计、原料采购、原料验收、原料储藏、加工烹调、宴会厅服务等业务活动。但不同的餐饮企业各有不同的特色和侧重点，因此，应从宴会业务的需要出发设计组织机构，即把这些功能委派给具体的下属业务部门，使这些部门在机构中占有应有的位置。总之，任何宴会部门的组织机构都必须根据各自的实际情况和需要，如规模、性质、市场等因素加以综合考虑。例如，有的酒店与餐饮企业宴会部设立专业部门进行主题宴会的策划与销售及宴会菜单的开发与创新；而有的大型酒店宴会部通常设立专业部门负责宴会的预订工作、客户档案管理等宴会业务信息管理事宜。

（二）统一指挥，分层负责

宴会业务部门的工作环节繁多，从宴席预订、制定菜单、经营计划、组织实施到宴席结束以及宴后跟进等工作，都需要全体员工的共同努力方可完成。因此，其组织机构必须保证各种业务活动能在统一指挥下协调一致，保持本部门内及本部门与其他部门之间的信息交流畅通，使各项决定或指令顺利贯彻实施，在组织上保证每位员工只有一个上级指挥。在权责方面，要做到逐级授权、分级负责、责权分明、分工协作，以确保各项业务活动有条不紊地进行。

（三）因人制宜，各司其职

宴会部门在员工定岗或分配工作任务时，应根据员工的工作能力、技术水平来适当安排；对于管理者，则应根据其管理能力确定其指挥的幅度。只有因人制宜、人尽其才，才能充分调动员工的工作积极性，尽力发挥其主观能动性和聪明才智，从而为企业创造最佳效益。

（四）强化管理，精干高效

宴会部组织机构的构建必须根据企业的业务情况充分论证，在满足管理、生产、服务的前提下，把各组织机构的人员精简到最少。其人员的多少与宴会部各部门的工作职能、管理模式、经营效果密切相关，进行机构设置时应尽可能减少管理人员数量，不因人设岗，而是用最少的人力去完成各项任务，做到职责明确、精干高效、减少内耗，提高企业的社会效益和经济效益。

二、组织机构的组建形式

由于各酒店的餐饮部门及各餐饮企业的经营规模和业务重点不同，宴会业务在餐饮销售中的比重不同，因而宴会业务部门的组织机构也不同。在此简单介绍不同企业规模下常见的宴会部门组织机构设置。

（一）小型宴会部

小型酒店或餐饮企业通常不设专门的宴会餐厅，其宴饮业务通常由餐饮部的大型餐厅去落实和完成。宴会部的主要业务和工作职责是开展销售活动、承接宴会预订和进行宴会业务信息管理，因此，这种小型宴会部的组织机构相对简单，层次和岗位都较少，如图 2-1 所示。

（二）中型宴会部

中型宴会部一般下设一两个专门的宴会厅（多功能厅），能够自己负责宴会销售、宴会接待、宴会信息管理等工作，功能较小型宴会部齐全，人员

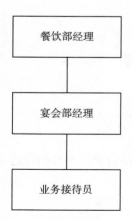

图 2-1 小型宴会部
组织机构图

配备也较多，但由于业务量不大，其管理层次和管理人员相较于大型宴会部略少，如图2-2所示。

（三）大型宴会部

大型宴会部通常具有承办大型宴会的环境设施和接待能力，它一般是独立于餐饮之外的一个独立部门，有时也隶属于餐饮部。但即使隶属于餐饮部，大型宴会部门也拥有自己相对独立的组织体系。大型宴会部常见于大型酒店或餐饮企业，配备若干大、中、小型宴会厅或多功能厅，有经营面积大、台位数多、营业额高、接待能力强的特点，除承办宴席外，还可承办庆功会、招待会、研讨会、展览（销）会、文艺晚会等会展业务。大型宴会部门一般业务量较大，配备岗位

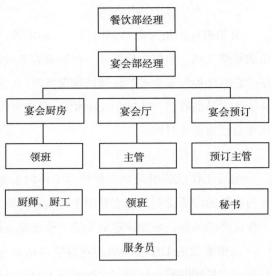

图2-2　中型宴会部组织机构图

较多，机构体系相对复杂，这里介绍两种常见的大型宴会部组织机构，如图2-3、图2-4所示。

三、宴会部日常组织管理工作

设计出适合本企业的组织机构仅仅是宴会部工作的开始，要使组织机构运转起来并达到良性循环，还必须精心设计组织机构内部的管理跨度，合理配备宴会部工作人员，使每位员工明确自己在组织机构中的位置及工作职责、工作任务。

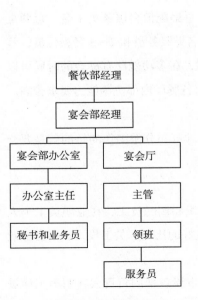

图2-3　大型宴会部组织机构图（一）

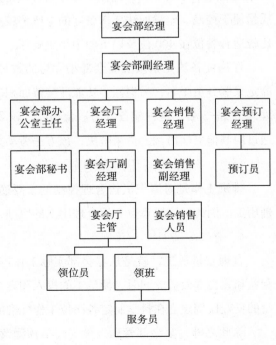

图2-4　大型宴会部组织机构图（二）

（一）绘制组织机构图

组织机构图是帮助本部门员工了解本部门组织机构，明确自己在部门中的位置和上下级关系的重要工具。组织机构图是一种根据管理权限和责任，以图解方式表示出各职务之间关系的图示，它既能标明宴会部的详细结构及各部门之间的横向和纵向关系，又能以可变换形式标出各岗位工作人员的姓名。根据组织机构图，员工可以明确自己工作岗位在部门中的位置和上下级关系，确定自己的奋斗目标。

（二）编写工作说明书

编写工作说明书是宴会部管理工作的重要内容。工作说明书是有关工作的范围、目的、任务与责任的广泛说明，它主要用于阐明各岗位工作任务、责任与职权，使员工明确各岗位工作及工作成绩的标准，帮助评定员工的工作成绩、招聘和安排员工。

这里所说的工作说明书的内容应包括业务要求、职责范围和主要工作。这种工作说明书必须与组织机构图配合使用，才能使员工对各岗位的职衔、所属部门、管辖范围、上下级关系、横向联络等获得充分了解。

（三）配备宴会部工作人员

设计出合理的组织机构，明确各岗位工作标准、工作职责后，宴会部还应根据岗位需要配备数量合理、能力素质符合岗位需要的员工。宴会部人员的配备方法通常可以选择满配法或者厅房配备法。

满配法是指根据宴会部能接待的最多餐桌数来配备工作人员，每桌配值台服务员 1 名，每两桌配走菜服务员 1 名，这种配备方法可以充分满足服务需要，员工培训的时间也比较多，服务质量便于控制。但满配法要求餐厅的上座率较高，否则容易造成人员闲置，劳动力成本过高，它比较适合餐位在 400 位及以下的中小型餐厅。

厅房配备法是指按照宴会部小厅房的数量配备工作人员，每桌配值台服务员 1 名，每两桌配走菜服务员 1 名，另根据多功能厅接待面积的大小配备 2—6 名男服务员和 2—3 名领位员，管理人员 2—3 名。这种配备方法适合小厅房较多的大型宴会部门，在多功能厅有宴会的时候可以通过向其他餐厅借调人员来解决，该方法劳动力成本较低，但对各餐厅内部协调能力要求较高。

（四）科学排班和合理用工

排班工作是对组织机构合理控制的重要途径和方法，科学排班和分派工作的目的就是要合理用工。因此，这里重点介绍合理用工的原则、方法和注意事项。

1. 合理安排员工的原则

合理安排员工，就是从宴会部实际工作需要出发，科学组织和调配员工，在兼顾员工个人利益和宴会部效益的同时，使员工的投入和宴会部的效益形成良好的比例。员工投入和宴会部效益的良好比例建立在科学制定各岗位工作标准的基础上。

除此之外，宴会部管理人员要经常预测营业额，使宴会部下属各部门负责人在明确工作量的前提下合理安排员工数量及岗位，并使员工事先了解工作变动。营业额的预测周期越长，对工作安排越有利，但相应地，预测的准确度也越低。为提高预测的准确度，宴会部管理人员需要从季节、节假日、营销信息等多方面因素综合考虑，尽可能提高预测营业额的准确度。

2. 合理用工的方法

（1）灵活排班。排班就是安排员工在正常营业时间上班。根据营业需要，宴会部需要将员工分批次安排在一天的早上、中午或晚上等不同的时间段上班。在安排班次时，宴会部管理人员要根据业务量的大小合理安排每批次员工的数量，尽量避免员工超时工作。

（2）雇用兼职人员或临时工。一般来说，宴会部的工作量受季节性、节假日等因素影响较大，通常在一年中的节假日、一周中的周末、一天中的晚上工作量相对较大，如果宴会部长期拥有一支庞大的固定员工队伍，不仅会极大增加宴会部的劳动成本，也容易造成员工懈怠懒散的现象。为节省开支，便于管理，企业需要建立一支兼职人员或临时工队伍。事实证明，只要有一些固定员工起核心作用，在对兼职人员和临时工稍加训练的情况下，宴会部的经营活动是能够正常进行并且不影响服务质量的。

3. 编制人员安排表

人员安排表是针对维持宴会部正常运营所需员工数量制定的，是一种人员预算。它说明员工人数应该随着宴会顾客人数的增加或减少而相应地增加或减少。为适应企业经营活动的需要，宴会部必须根据自身的经营情况、所能提供的服务和设备条件，编制适合本企业的人员安排表。

4. 影响人员编制的因素

（1）部门的具体情况，如宴会部的经营项目、营业高峰时间、员工结构。

（2）当地的劳动法规。

（3）员工的工作情绪和工作时间。

（4）工作安排的公平合理程度。

（5）人员安排表的弹性以及实际业务的多变性。

【知识链接】

宴会部各岗位职责

一、宴会部主管

（一）工作职责

（1）熟悉各种宴会的预订。

（2）接受餐饮部经理所指派的工作，完成本部门的各项指标和日常运转工作，主持每次班前例会。

（3）遵循酒店的经营方针和程序，按要求履行其他职务。

（4）接到所分配的任务后，安排宴会服务，并亲自安排各种工作。

（5）严格管理本餐厅的设备、物资用具等，做到账物相符，保持规定的完好率。

（6）与厨师及餐务组合作，以保证准时、正确服务。

（7）处理客人的投诉，与客人建立良好的关系。

（8）对下属服务员进行定期业务培训，不断提高员工的业务素质和服务技巧，抓好员工纪律、服务态度，了解员工思想情绪，搞好现场培训。

（二）技能要求

（1）熟悉餐饮部各部门工作流程，与各部门搞好关系。

（2）具有良好的人际关系，搞好食品促销。

二、宴会部领班

（一）工作职责

（1）接受宴会主管指派的工作，全权负责本班组的工作，记录每天供应的菜、酒品种，严格按操作程序接待客人。

（2）随时检查本组员工的工作表现，发现问题及时纠正，发挥带头作用；准确地为宾客提供最佳服务。

（3）检查本组员工的仪表仪容，达不到要求和标准的不能上岗。

（4）定期参加各种业务培训。

（5）根据客情，安排好员工的工作班次，负责本班组员工的考勤。

（6）处理服务中发生的问题和客人投诉，并向餐厅主管汇报，准时列席班前会。

（二）技能要求

（1）熟记酒单、菜单及饮料单的全部内容、名称、价格、产地等。

（2）了解宴会服务的工作程序，能随时根据客人需要进行操作。

（3）具有英语会话能力，能督促下属员工按标准进行工作。

（4）为员工做出表率，认真完成服务工作任务。

三、宴会部服务员

（一）工作职责

（1）接受领班指派的工作，准时到本岗位当班。

（2）按规格标准，做好开餐前的各项准备工作。

（3）确保餐具用具清洁、卫生、光亮、无破损。

（4）按服务规格和操作程序进行对客服务。

（5）做好餐后收尾工作。

（6）按时参加班前会。

（二）技能要求

（1）熟练掌握摆台、上菜、分菜、斟酒、撤换餐具等基本服务技能。

（2）有较好的适应能力和应变能力。

◆── 任务二 宴会预订 ──◆

一、宴会预订的基本方式

宴会厅与零点餐厅最大的不同在于，宴会通常需要提前预订。为保证宴会质量，通常宴会规模越大、规格越高，宴会部需要筹备的时间越长，宴会预订的提前量也就越大。宴会预订既有利于酒店或餐饮企业事先做好宴会接待的准备工作，同时也有利于减少因顾客临时推迟或取消预订给企业带来的经济损失。

宴会预订的基本方式主要有以下几种：

（一）面谈预订

面谈预订是宴会预订中较为直接、有效的一种预订方式，在宴会规模较大、宴会规格较高、出席人员身份较高的情况下，宴会主办单位或个人通常要求与宴会部面谈以便快速、准确地确定宴会预订要求。

（二）电话预订

电话预订是另一种较为有效的预订方式，常用于小型宴会的预订，同时也便于咨询宴会资料，核实宴会细节，在酒店或餐饮企业常客中应用较为广泛。

【知识链接】

宴会预订人员接听电话标准

（1）电话铃响时，左手拿着听筒，右手准备好笔和预订本。注意姿势端正，声音清晰，使用礼貌用语，"请"字当头，"谢"字不离口。

（2）电话铃响三声之内接起电话。

（3）报出酒店及部门名称，告知对方自己的姓名。例如，接听外线电话时："您好/上午好/下午好，××酒店宴会预订部，很高兴为您服务。"接听内线电话时："您好，宴会预订，很高兴为您服务。"

（4）确定来电者身份、姓氏。尽量用姓氏称呼对方；主动向客人介绍房间规格、菜肴、特点及标准，做好适时推销。

（5）听清楚来电目的，并做好记录。根据客人要求做好记录，包括抵店时间、房间名称、标准/点菜、人数、桌数、预订单位、联系人、联系电话、有无重要领导参加、特殊要求等。

（6）注意声音和表情。语气柔和友好，声音悦耳，吐字清晰。

（7）坐姿端正。打电话时，若坐姿是懒散的，那么对方听到你的声音就是懒散的、无精打采的；若坐姿端正，所发出的声音也会亲切悦耳，充满活力。因此打电话时，即使看不见对方，也要当作对方就在眼前，尽可能注意自己的姿势。

（8）预订确认。预订人员要将客人订餐要求重复确认，确保预订信息万无一失，保证记录正确无误。

（9）最后道谢。要结束电话交谈时，一般应当由打电话的一方提出，然后彼此客气地道别，说一声："谢谢您的来电，恭候您的光临，再见！"然后再挂电话，不可直接挂断电话。

（10）让客人先收线。等客人挂掉电话后，再轻轻放下话筒。

（三）信函预订

信函预订是促销员、预订员与客人联系的另一种方式，主要用于发送促销信息、回复客人咨询、确认预订信息。信函预订耗时较长，适用于预订时间提前量较大的预订。

（四）登门预订

登门预订是酒店和餐饮企业销售重要的营销手段之一，指的是宴会销售人员登门拜访客人，进行营销推广的同时向客人提供宴会预订服务。这种手段既能推广和宣传企业宴会服务，促进销售，提高企业知名度，又能为客人提供预订便利。

（五）传真预订

传真预订是介于信函预订和电话预订之间的一种预订方式，相较于信函预订方式更快捷，相较于电话预订方式所传达的预订信息则更为具体、准确。

除上述预订方式外，顾客还可以通过网上预订、中介预订、政府指定性预订等方式向酒店或餐饮企业预订宴会。不论客人通过哪一种方式预订，宴会部有关业务人员都应该详细了解顾客的预订要求并做记录，同时还可以进行适当的促销。

二、宴会预订的主要内容、工作程序及注意事项

（一）宴会预订的主要内容与工作程序

1. 宴会预订的准备工作

（1）掌握与宴会服务相关的资料，具体内容如下：

①熟悉酒店或餐饮企业会议室、多功能宴会厅的面积、布局、接待能力及各项设施设备的功能及使用情况。

②掌握各式宴会菜单的价格、特色，掌握各类食物和饮料的成本。

③掌握企业淡旺季、新老客户等不同条件下的销售策略和优惠政策。

④熟悉各种宴会、会议、展览会、展销会的服务标准和布置摆设要求。

⑤掌握客房类型、价格及卫生安全条例。

⑥准备完整、充足的宴会销售宣传资料。

⑦建立完整、详尽的客情档案，定期查阅并及时更新，熟悉客人的消费时间、消费内容和服务要求。

（2）掌握预订情况。每天查阅宴会预订记录本及上一周已经做出安排的工作记录，如发现客人对有关安排做出取消、调整、补充等建议和决定，则要及时向上一级主管汇报，并根据场地安排情况为客人跟办具体要求。

2. 接受宴会预订

接受宾客预订时，必须向客人详细了解下述情况并做好记录：

（1）宴会的日期、时间、目的和类型（如中餐宴会、西餐宴会、冷餐酒会或其他）。

（2）宴请的对象和人数。

（3）宴会的费用标准、菜式和主打菜肴。

（4）宴会用酒水种类和数量。

（5）宴会付费方式及预订人的姓名、单位、联系电话和联系地址。

（6）餐厅、舞台装饰和其他特殊要求。

对于规格较高的宴会，还应掌握下列事项：宴会的正式名称；有无席次表、座位卡、席卡；有无音乐或文艺表演；来宾的宗教信仰、民族禁忌等。

在了解上述预订信息后，应认真查阅"宴会预订登记本"，在核实符合宾客预订要求的宴会场地可做预订后，再与客人进行进一步的洽谈，填写"宴会预订单"（见图2-5），并请客人签字确认，同时还要注意在"预订登记本"上做好预订记录。

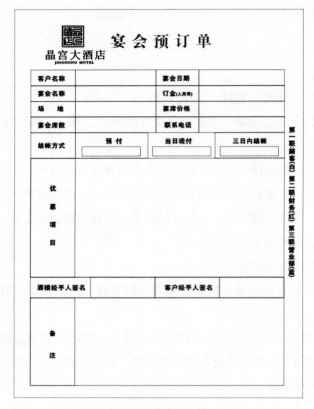

图2-5 宴会预订单

3. 向宾客介绍酒店、餐厅的宴会设施、产品、服务及优惠政策

（1）介绍宴会厅或多功能厅的名称、面积、设备配置状况及接待能力，对于当面预订的宾客，可带领客人到宴会厅或多功能厅实地考察。

（2）介绍可提供的菜品、饮品、特色菜、招牌菜及其价格，可根据宾客具体需要柔性设计宴会菜单。

（3）视优惠政策介绍可提供的请柬、彩车、司仪、蜜月套房及蛋糕等产品。

（4）视优惠政策介绍免费泊车、接送客人、新娘贴身管家等其他增值服务。

4. 与宾客协商宴会预订合同细节，签订宴会预订合同并收取定金

宴会合同通常包含以下内容：

（1）具体的菜单、客人所需酒水种类及数量、点心及其他需收费的相关产品和服务。

（2）酒店或餐饮企业可提供的无偿赠送产品、服务及其他优惠政策。

（3）定金、付款方式及联络人和联络方式。

（4）违约责任及赔偿方式、赔偿金额。

（5）其他重要细节。

5. 制订宴会接待计划并发布宴会接待通知

在签订宴会预订合同并收取定金后，宴会部业务员应立即着手制订宴会接待计划，经宴会

部经理签字确认后，向宴会接待有关部门发布宴会接待通知书。

宴会接待计划通常包含以下内容：

（1）宴会的正式名称，如谢师宴、周年庆典等。

（2）预订者姓名、任职企业名称、联系地址、联系电话。

（3）宴会日期、时间、地点。

（4）宴会菜单、类型、规模、费用标准。

（5）宴会台形及宴会厅内部装饰。

（6）中西厨房应准备的菜点。

（7）工程部应承担的设备检修任务。

（8）前厅部应承担的任务，如安排蜜月套房等。

（9）宴会部应承担的任务，如安排司仪、布置宴会厅等。

（10）客房部应承担的任务，如休息室打扫和整理等。

（11）公关部应承担的任务，如宴会厅入口告示牌制作等。

（12）酒吧应承担的任务，如准备宴会所需的酒水、果盘等。

（13）客房部应承担的任务，如准备宴会所需的鲜花、插花等。

（14）本项目的最终审批人（通常为餐饮总监）及文件报送、抄送的部门及有关负责人名单。

（15）宴会接待相关的附件，如宴会菜单、宴会厅平面摆设布局图、赠送房间预订登记、派车预订申请等。

（二）宴会预订的注意事项

（1）宴会接待计划在提交餐饮总监审批后，应分别将有关文件及其副本分发到有关部门，提请他们做好准备。

（2）提前一周再次向客人进行预订确认，及时掌握是否有变更、补充或取消信息。

（3）将确认预订信息及时反馈给有关部门及领导，以便及时采取应对措施。

【案例分析】

某日，经理询问 11 月 8 日晚上多功能厅客情，原本 8 日客情已经客满，群芳厅有一婚宴（已预付），华芳厅有一会议（未预付），但是预订员漏报了华芳厅会议，致使在客满的情况下经理接了一档婚宴（40 桌），并且已经预付。后经经理和销售部协调，把华芳厅的会议取消了，虽未造成严重后果，但是对各方面都造成了很大影响。

案例分析：宴会预订是餐饮部的一个重要窗口，特别是接待或接受大型活动预订的时候，一定要严格把好关，避免出现上述状况。预订员要吸取教训，各方面信息汇报要全面。在接受预订前，一定要看清楚预订时间的前后两天是否有客情，要考虑到餐厅翻台是否来得及，以确保各项活动的顺利进行。预订部应对预订人员进行严格考核，加强员工的工作责任心，要求预订员在互相交接客情时一定要仔细全面，以确保信息的畅通，在客情不忙的情况下，应尽快地熟悉接下来几天或接下来几个星期的客情。

◆── 任务三　宴会策划 ──◆

宴会策划是指酒店宴会部接受客人的宴会预订后，根据宴会规格要求，编制出的宴会组织实施计划。宴会策划的质量是宴会能否令主办单位或个人满意的关键要素。

一、宴会策划的内容

宴会策划是凸显宴会主题的必然途径。宴会策划通常包含场境设计、台面设计、菜单设计、酒水设计、服务设计和安全设计等内容。

（一）场境设计

宴会环境包括大环境和小环境两种。大环境指的是宴会所处的特殊自然环境，如海边、山巅、船上、街道旁、草原上等。小环境是指宴会举办场地在酒店中的位置，宴席周围的布局、装饰、光线、温度、色彩、桌子摆放等。宴会场境设计是衬托和渲染宴会主题的重要方式之一。

【知识链接】

颜色对人情绪的影响[1]

颜色是通过人的视觉起作用的。不同颜色所发出的光的波长不同，当人眼接触到不同的颜色时，大脑神经做出的联想跟反应也不一样，因此色彩对人的心理有直接的影响。

绿色是一种令人感到稳重和舒适的色彩，具有镇静神经、降低眼压、解除眼疲劳、改善肌肉运动能力等作用，自然的绿色还对晕厥、疲劳、恶心与消极情绪有一定的舒缓作用。但长时间在绿色环境中，易使人感到冷清，影响胃液的分泌，食欲减退。

蓝色是一种令人产生遐想的色彩，同时它也是相当严肃的色彩，具有调节神经、镇静安神的作用。蓝色灯光在治疗失眠、降低血压和预防感冒中有明显作用。有人戴蓝色眼镜旅行，可以减轻晕车、晕船的症状。但患有精神衰弱、忧郁症的人不宜接触蓝色，否则会加重病情。

---

[1] 资料来源：http://www.douban.com/group/topic/4983496/。

黄色是人出生最先看到的颜色，是一种象征健康的颜色，它之所以显得健康明亮，是因为它是光谱中最易被吸收的颜色。它的双重功能表现为：对健康者能起到稳定情绪、增进食欲的作用；对情绪压抑、悲观失望者会加重这种不良情绪。

橙色能产生活力，诱发食欲，也是暖色系中的代表色彩，同样也是代表健康的色彩，含有成熟与幸福之意。

白色能反射全部的光线，具有洁净和膨胀感。空间较小时，白色对易动怒的人可起调节作用，这样有助于保持血压正常。但患孤独症、精神忧郁症的患者则不宜在白色环境中久住。

粉色是温柔的最佳诠释。经实验，让发怒的人观看粉红色，情绪会很快冷静下来，因粉红色能使人的肾上腺激素分泌减少，从而使情绪趋于稳定。孤独症、精神压抑者不妨经常接触粉红色。

红色是一种较具刺激性的颜色，它给人以燃烧和热情感，但不宜接触过多，长时间凝视大红颜色，不仅会影响视力，而且易产生头晕目眩之感。心脑病患者一般是禁忌红色的。

黑色具有清热、镇静、安定的作用，对激动、烦躁、失眠、惊恐的患者起恢复安定的作用。

灰色是一种极为随和的色彩，具有与任何颜色搭配的多样性。所以在色彩搭配不合适时，可以用灰色来调和，对健康没有影响。

（二）台面设计

宴会台面设计是根据宴会的餐别、主题、主办方的要求、餐厅的形状、餐厅内的陈设装饰和就餐人数等因素来进行的。其设计的基本要求是：餐桌排列整齐有序，间隔适当，能体现宴会的规格标准，方便宾客就餐及服务员的宴会服务。

（三）菜单设计

科学合理地设计宴会菜肴及其组合是宴会设计的核心，主要包含菜单装帧设计和菜品组合设计两方面内容。在设计宴会菜单时，必须以目标顾客的需要为核心，综合考虑各类食品的营养设计、味型设计、色泽设计、烹调方法设计、风味设计等因素。

（四）酒水设计

以酒佐食、以食助饮是一门高雅的菜品与酒水的搭配艺术，宴会常用酒水主要有白酒、葡萄酒、黄酒、啤酒等含酒精成分的酒类及软饮料。宴会酒水的选择必须切合宴会主题，符合宴会档次，与菜品相得益彰，尤其西餐宴会对酒水与菜品的搭配有更严格的要求。

【知识链接】

吃西餐如何搭配酒水①

西餐不论是便餐还是宴会，十分讲究以酒配菜，并在长期的饮食实践中总结出了一套相配的规律：口味清淡的菜式与香味淡雅、色泽较浅的酒品相配，深色的肉禽类菜肴与香味浓郁的酒品相配；餐前选用旨在开胃的各式酒品，餐后选用各式甜酒以助消化。具体地说有以下几点：

一、餐前酒

在用西餐之前，很多西方客人喜爱饮用一杯具有开胃功能的酒品，如法国和意大利生产的味美思酒（Vermouth），具体的品牌有仙山露（Cinzano）、马蒂尼（Martini）等。也有以鸡尾酒作为餐前酒的，如血玛丽（Blood Mary）。

二、开胃品

西方客人吃开胃品时会根据开胃品的具体内容选用酒品，如鱼子酱要用俄国或波兰生产的伏特加酒（Vodka）；虾味鸡尾杯则用白葡萄酒，口味选用干型或半干型。

三、汤类

与汤类相配的有西班牙生产的雪利葡萄酒（Sherry）。有的客人喜欢用啤酒来配汤；也有人认为不同的汤应配用不同的酒，如牛尾汤配雪利酒，蔬菜汤配干味白葡萄酒等。

四、鱼类及海味菜肴

与鱼类及海味相配的酒品有干白葡萄酒、淡味玫瑰葡萄酒，如德国的莱茵（Rhin）白葡萄酒、法国的布多斯（Bordeaux）白葡萄酒、美国的加州葡萄酒（California）、中国的王朝白葡萄酒等，一般选用半干型的口味。

五、肉类、禽类及各式野味菜肴

对于肉类、禽类及各式野味菜肴，在酒品相配上有多种讲究：各式牛排或烤牛肉，最适合选用法国浓味干型布多斯红葡萄酒、法国保祖利新鲜红葡萄酒（Beaujolais）；羊肉类菜肴如羊扒、烤羊肉，适宜配淡味的布多斯红葡萄酒、美国加州红葡萄酒和玫瑰葡萄酒；猪肉类如火腿、烤肉，适宜配香槟酒、德国特级甜白葡萄酒；家禽类菜肴，宜选用玫瑰红葡萄酒、德国特级甜白葡萄酒、美国加州红葡萄酒；野味菜肴肉色浅、味道鲜美的，适合选用淡味的布多斯红葡萄酒、意大利红葡萄酒。

六、奶酪

奶酪适合配用香味浓烈的白葡萄酒，有些品种的奶酪可配用波特酒（Port Wine）。

_____

① 资料来源：http://www.fancai.com/shiliao/92275/。

七、甜品

甜品一般配用甜葡萄酒或葡萄汽酒，如德国莱茵白葡萄酒、法国的香槟酒等。

八、餐后酒

西餐讲究进餐完毕后要饮用咖啡、茶等，与其相配的餐后酒可选用各种餐后的甜酒、白兰地酒等。

值得一提的是，西餐在进餐过程中，饮用香槟酒佐餐是件愉快的事，它可以与任何种类的菜式相配。因此，在不了解西餐酒品选择规律时，选用香槟酒不失为一种稳妥的选择。

（五）服务设计

宴会服务设计是指对整个宴饮活动的程序安排、服务规范等进行设计，其设计内容主要包括接待程序与服务规范、行为举止与礼仪规范、席间乐曲与娱乐助兴等。

（六）安全设计

安全设计是指对宴会进行过程中可能出现的各种不安全因素的预防措施的设计，其设计内容主要包括宾客人身与财物安全、食品原料和生产安全、服务过程安全设计等。

二、宴会策划步骤

（一）获取信息

宴会设计需要获取大量信息。获取信息的途径和方法有很多，可以是顾客提供的，也可以是通过调研等方式主动收集的，不论是通过何种途径获取的信息，都必须保证其真实性、准确性。主要应获取以下方面信息：

（1）宴会主题。宴会主题是宴会策划的核心，宴会场境设计、台面设计、菜单设计、酒水设计、服务设计等主要内容无一不是以它为中心进行的，它是宴会策划的灵魂。

（2）宴会主办单位或个人的要求。在宴会设计过程中，应主动和主办人或主办单位交换意见，了解其具体要求并根据宾客要求协商修改宴会策划方案。

（3）宴会规模和标准。宴会规模和标准是宴会成本设计的前提和基础，也是决定宴会设计档次和水平的重要因素。宴会规模的大小决定了场地安排、菜点选择、服务规格、整体布局等方面的差异。

（4）宴请对象。宴会策划的主要功能之一是帮助主人实现宴请目的，因此了解宴请对象的兴趣爱好、风俗禁忌对于宴会设计中的菜品选择、场境布置等重要设计环节非常重要。

（5）宴会时间。一场成功的宴会策划必然要考虑宴会开始的时间和持续时间的影响，了解宴会开始和持续的时间将直接影响宴会服务流程的设计、上菜节奏、娱乐表演等环节的时间控制。

（6）酒店自身的条件。酒店人员是否够用、服务人员业务是否熟练、餐厅面积大小、设备是否完好、用品用具是否充足是宴会策划的限制条件。

（二）分析研究

（1）在获取足够的有效信息后，要全面、认真地分析信息资料，构思如何在宴会实施过程中突出宴会的主题，满足宾客要求。

（2）设计方案要切合主题，具有可操作性，并且严格控制成本，符合已掌握的信息要求。

（3）设计要有创意，既要实事求是、联系实际，又要解放思想，在宴会形式和内容上有所创新。

（三）制订草案

宴会策划草案通常由一人起草，综合多方面的意见和建议尤其是征求主办人的意见后，形成一套详细、具体的设计方案，由主管领导或主办单位负责人审定；或者指定2—3套可行性方案，由相关人员选定。草案可以是口头的，也可以是书面的，通常视宴会等级、规模、影响因素而定。

（四）修改定稿

宴会策划草案形成后，要征求主办单位负责人或具体办事人员的意见进行修改，尽可能满足主办单位提出的合理要求。

（五）传达执行

宴会策划方案完成并通过后，应严格遵照执行。方案下达形式可以是召集相关接待部门负责人开会，也可以将策划方案打印若干份，以书面形式向有关部门和个人下发，详细介绍策划方案，交代具体任务，敦促落实执行。

◆—— 课后习题 ——◆

一、思考题

1. 宴会业务部门组织机构的设置应遵循哪些原则？

2. 宴会部日常组织管理工作的主要内容是什么？

3. 宴会策划包含哪几方面内容？

4. 宴会策划有哪几个步骤？

二、案例分析题

失之交臂的宴会预订

一天下午，预订员小张非常忙，预订电话不断响起，小张简直分身乏术。下午3点，小张接到某外资公司中国分公司的李先生打来的电话，在详细了解酒店的地理位置、宴会厅面积、设施设备等情况后，李先生决定在酒店预订一周后的欢迎宴会，以接待国外总公司的来宾。宴会规模约200人，接待规格也很高，李先生让小张明天上午去他公司面谈细节，签订宴会预订合同并收取定金。放下电话后小张很高兴，因为接了这个预订后，她整个月的预订任务就完成了。接下来还有一些预订电话，小张应对得明显没有之前那么积极了。下午下班前几分钟，小张刚准备回家，预订电话又响了，小张只好放下刚拿起的包接起电话。原来是一位王先生要求预订明天晚上 7 点的小型宴会，一共 10 人，每人标准为 100 元。为了能按时下班，小张没有查阅宴会预订记录就答复王先生，近两天的宴会预订已满，请王先生到别的酒店预订，然后她就下班回家了。第二天一上班，小张正准备去李先生公司签订宴会预订合同时，接到了李先生取消预订的电话，因为他的总经理王先生不同意在这家酒店预订，小张很诧异，李先生告诉她："王总就是昨天预订 10 人宴会的王先生，他觉得你们连小宴会都准备不好，别说大宴会了。"

思考：

1. 预订员小张犯了什么错误？

2. 如果你是预订部主管，你认为该预订还有挽救的可能吗？你会怎么挽救？

三、情境实训

1. 上网了解至少三家以上不同规模的知名酒店的宴会部组织机构，试分析该宴会部组织机构设置的优势和劣势。

目的：使学生了解不同规模宴会部组织机构的不同。

要求：分组调查三个以上不同规模的宴会组织机构，分析其优势和劣势，阐述是否符合需要，提交报告。

2. 通过电话或网络，了解三家以上酒店宴会部的预订电话接听流程，阐述孰优孰劣，并试着制定一份预订电话接听标准。

目的：通过调查分析使学生了解宴会预订必须了解的客情内容、电话接听标准。

要求：选择本地四星级以上酒店的宴会部，详细了解预订流程，分析不同酒店宴会部接听预订电话的优劣。

项 目 三
宴 会 台 面 与
台 形 设 计

【项目导读】

本项目有四个任务：任务一是认知宴会台面设计知识，阐述了宴会台面种类、台面命名的方法和台面设计的基础知识；任务二是宴会花台制作流程，阐述了构思花台造型、选择花材、配置器具、造型插作、检查制作完毕的花台后改进不足之处并收拾洁净桌面；任务三是宴会台形设计，阐述了宴会台形设计的含义、中式宴会台形设计、西式宴会台形设计、鸡尾酒会台形设计和冷餐会台形设计；任务四是宴会台面设计实例赏析，赏析了中餐宴会"同乐同趣"和"桃李献礼"宴的台面设计，西餐宴会"梦想天空"和"蓝玫之夜"宴的台面设计。

【学习目标】

1. 知识目标：了解和熟悉宴会台面设计的种类、方法和要求；掌握中式宴会台形设计方法；掌握西式宴会台形设计方法。

2. 能力目标：通过系统的理论知识学习，能针对不同的宴会进行台面的设计。

3. 素质目标：让学生掌握不同类型宴会台形的设计，并能有所创新，从而培养学生的创新能力。

宴会台面与台形设计是宴会设计的重要内容，是从事宴会服务工作人员的一项基本技能，也是宴会服务成功与否的一个重要因素。一个好的宴会台面与台形设计，能为客人带来赏心悦目的感觉，增添就餐气氛，提高企业竞争力。

◆—— 任务一 认知宴会台面设计知识 ——◆

一、宴会台面的种类

宴会台面的种类很多，通常按餐饮风格划分为中餐宴会台面、西餐宴会台面和中西混合宴会台面；按台面的用途划分为餐台、看台和花台。

（一）按餐饮风格分

1. 中餐宴会台面

中餐宴会台面用于中式宴会，一般使用圆桌台面和中式餐具进行台面设计，其特点有以下三点：

（1）以圆桌台面为主。

（2）中式餐具摆台。

（3）装饰物为中式装饰。

2. 西餐宴会台面

西餐宴会台面用于西式宴会，常用的台面有长形、"T"形、"U"形和椭圆形等，使用西式餐具进行台面设计，其特点主要有以下三点：

（1）根据人数多少确定餐台形状。

（2）西式餐具摆台。

（3）台面简洁、素雅，台面装饰物要根据进餐对象国别的不同而有所区别。

【知识链接】

欧洲国家对色彩、图案的禁忌[1]

挪威：十分喜爱鲜明的颜色，特别是红、蓝、绿色。

罗马尼亚：白色视为纯洁，红色视为爱情，绿色视为希望，黄色视为谨慎，黑色带有消极含义。

捷克斯洛伐克：红、蓝、白是积极的，黑色视为消极。

意大利：意大利人喜欢绿色和灰色，忌紫色，也忌仕女像、十字花图案。意大利人对自然界的动物有着浓厚的兴趣，喜爱动物图案，尤其是对狗和猫异常偏爱。

希腊：希腊人在颜色方面，喜爱蓝和白相配及鲜明色彩，如喜欢黄、绿、蓝色，忌黑色。

法国：法国人对色彩富有想象力，对色彩研究与运用十分讲究，喜爱红、黄、蓝等色，视鲜艳色彩为时髦、华丽、高贵。在东部地区，流行男孩穿蓝色，少女穿粉红色。

爱尔兰：爱尔兰人喜爱绿色，忌用红、白、蓝色组合。

比利时：对比利时人来说，菊花意味着死亡，此为丧礼及万圣节（11月1日）专用。除非餐桌上有烟灰缸，否则不要抽烟。比利时南部人，女孩爱粉红色，男孩爱蓝色，一般人爱高雅的灰色；忌用墨绿色（纳粹军人服装颜色）。而比利时北方人，女孩爱蓝色，男孩爱粉红色。

匈牙利：匈牙利人习惯以白色表示丧事，墨色表示庄重或丧事。

奥地利：在奥地利，绿色最令人喜爱，许多服饰品也都使用绿色。

瑞典：不宜把代表国家的蓝色和黄色作为商用。

① 资料来源：http://bbs.fobshanghai.com/thread-3533795-1-1.html。

> 瑞士：瑞士人喜爱红、黄、蓝、橙、绿、紫，喜爱红白相间色组、浓淡相间色组，忌用黑色。在瑞士，猫头鹰是死亡的象征，忌用为商标。
>
> 荷兰：蓝色和橙色代表国家色，使人十分悦目，特别是橙色，在节日里被广泛使用。
>
> 芬兰：芬兰人没有特别显著的爱好色。在这个国家里，在政治上具有代表性的颜色，与商业没有任何关系。

3. 中西混合宴会台面

中西混合宴会台面用于中餐西吃的宴会，可使用圆桌台面或西餐各种台面，使用中、西式混合餐具摆台，其特点主要有以下三点：

（1）可用中式宴会的圆台和西式宴会的各种台面。

（2）餐具由中餐的筷子和西餐餐具组成。

（3）台面装饰造型中西合璧。

（二）按台面用途分

1. 餐台

餐台也称食台或素台，在餐饮行业中称为正摆式，其特点是从实际出发，根据客人实际需要配备必要的餐具，台面简洁，餐具的摆放根据就餐人数、菜肴编排和宴席的标准来配用，要求相对集中、整齐一致。这种餐台多用于中档宴会。

2. 看台

看台又称观赏台面，是根据宴会的性质、内容，用各种装饰物摆设成各种图案供宾客在就餐前观赏。在开宴上菜前应撤去装饰物，以便客人进餐。这种台面多用于民间宴席和风味宴席。

3. 花台

花台就是以花为主要材质进行造型的中央主题装饰物，花可以是鲜花，也可以是绢花，其设计要符合宴会内容，突出宴会主题，融艺术性与实用性于一体，通常用于中、高档宴会。

二、台面命名的方法

（1）根据台面的形状或构造命名。这是最基本也是最简单的一种台面命名方法，如圆桌台面、方桌台面、长形台面、"T"形台面、"U"形台面等。

（2）根据每位客人面前所摆的餐具的件数命名。这种命名方法方便酒店员工了解台面餐具的构成，把握宴会的档次和规格，如5件头台面、7件头台面等。

（3）根据台面造型及其寓意命名。这种命名方法容易体现宴会主题，如"秋季颂歌""桃李献礼""灵秀东湖""花好月圆"等。

（4）根据宴会菜肴名称命名。这种命名方法主要用于各类全席宴，如全鸡席、鱼翅席、全羊席等。

三、宴会台面设计

（一）宴会台面设计的含义

宴会台面设计又称餐桌布置艺术，它是针对宴会主题，运用一定的心理学和美学知识，通过各种技能和手段将各种宴会台面用品进行合理摆设和装饰点缀的过程。

（二）台面设计的作用

1. 反映宴会主题

通过宴会台面台布的设计、口布颜色和折花类型的选择、餐具的摆放和中央装饰物的造型等，对宴会台面进行合理摆设和装饰点缀，巧妙地将宴会的主题艺术再现在台面上。

2. 烘托宴会气氛

根据宴会主题确定的台布、口布、餐具、中心装饰物，通过多种艺术手段构成一个精美的台面，使整个台面达到美化舒适的效果，以烘托宴会热烈美好的气氛，体现宴会的隆重。例如"普天同庆"主题宴会，主要用于国庆节期间的宴会。该宴会台面用红色的桌布、口布和金色的餐具营造出一种浓郁的喜庆、祥和的节日气氛！因为在中国的传统观念里，红色象征了永恒与光明、温暖与希望，象征了兴旺与喜庆、繁盛与热烈，同时也象征了团结与奋进、和谐与朝气！该主题宴会用由人、动物、花组成的中心饰物表达人与自然在和谐盛世下喜迎国庆的幸福和快乐。

3. 显示宴会档次

台面设计的档次与宴会档次成正比，台面设计的所有物件的档次都是根据宴会档次确定的。一般宴会搭配的物件经济、朴素；中档宴会搭配的物件中档、雅致；高档宴会搭配的物件高档、华丽。

4. 确定宾客座序

通过台面口布的放置可以确定主人和其他客人的席位，多桌宴会可以通过台形来确定主桌。例如宴会台形横向排列时，主桌在中央。

5. 体现管理水平

台面设计不仅是一门科学，同时也是一门艺术。一台精美的台面是宴会部团队的杰作，它既反映出宴会台面设计师的高超设计水平和服务员的娴熟专业摆台技能，也反映了酒店的高超管理水平。

（三）台面设计的原则

1. 实用原则

宴会台面设计要讲究实用原则，不可太烦琐。餐桌间距、餐位大小、餐具间距、儿童客人餐椅的高低、残疾客人出入的间距等，都要以满足客人进餐的需要为前提。

2. 美观原则

宴会台面设计要体现文化艺术品位，给客人带来美的享受和情趣。宴会台面设计运用了一定的美学知识，具体表现在台面的色彩搭配设计、餐单的设计、灯光的设计、餐具的设计等方面，美学在宴会台面的运用，给我们塑造了丰富而精美的台面，增添了宴会的气氛。

3. 礼仪原则

宴会台面设计要符合礼仪，遵守习俗。台面设计要充分考虑各国、各民族的礼仪习俗、宴饮习俗和生活禁忌、宴会规格等因素，按照国际礼仪确定主桌和主位，台面图案、台面色彩的搭配、台面物件的合理摆设和装饰等都符合各国、各民族的礼仪习俗和宗教信仰。

（四）宴会台面设计的基本要求

1. 根据宴会主题和档次进行设计

宴会台面设计要围绕宴会主题进行，所有设计元素和物件都是根据主题的表达来确定材质、颜色和造型的。

台面设计还应考虑到宴会的档次，宴会档次不同，所有摆设物件和装饰物件在数量、质地、价格上的选择就会有所区别。

2. 根据顾客的用餐需要进行设计

顾客就是上帝，这是服务行业随时应遵循的行规。在宴会台面设计时，也应考虑到顾客的需求，以满足顾客的需求为前提进行台面设计，要充分考虑到客人的民族风格和饮食习惯以及客人对时间和空间的要求、客人的特殊要求等，只有以客人为中心进行的台面设计才能最大限度地使客人满意。

3. 根据宴会菜单和酒水特点进行设计

宴会台面设计餐、酒具的选择一定要根据宴会菜单和酒水特点进行，宴会餐饮风格不一样，餐、酒具的选择就不一样。如中式宴会的台面应选用中式餐、酒具：骨碟、味碟、口汤碗、汤勺、筷子、筷架、白酒杯等；西式宴会的台面应选用西式餐、酒具：牛排刀、鱼刀、长柄汤勺、开胃品刀、牛排叉、鱼叉、开胃品叉、红葡萄酒杯、白葡萄酒杯等，并且西餐菜饮不一样用的酒水也不一样，酒水不一样酒具的选择也不一样。

4. 根据进餐礼仪进行设计

宴会台面设计一定要注意各国、各民族的进餐礼仪，要根据国际惯例和客人的要求确定主位、主桌和宾客座位，根据各国、各民族宾客的礼仪习俗和宗教信仰选择物品的颜色、装饰的鲜花等。

【案例分析】

不懂日本客人用餐习惯导致的失礼[①]

时值隆冬，室外寒风凛冽，几位日本客人来到北京某星级酒店的中餐厅用餐。领位员将他们带到一张餐桌前，请客人入座。谁知他们却不肯坐下，一位客人边说边用手指了指桌子和墙，并示意同伴离开。领位员忙请一位懂日语的服务员来帮忙，经询问才知道，原来客人忌讳餐桌上花瓶里的梅花以及"9"号餐桌牌和墙上的荷花图案。搞清楚客人的忌讳后，领位员忙向他们道歉，并将客人带到另一个有屏风遮挡的餐桌前，花瓶里的花也换上了玫瑰，客人们立即面带喜色，高兴地入座了。端上茶水和手巾后，服务员开始

① 资料来源：程新造，王文慧. 星级饭店餐饮服务案例选析 [M]. 北京：旅游教育出版社，2008.

请客人点菜，由于语言不通，无法向客人解释，只是凭他们在菜单上的指点和手势点了几道菜。服务员还用手点了肥肠和扣肉等当天的厨师推荐菜，客人不置可否。

上菜后，客人们对服务员推荐的菜不动筷子。一位客人在尝了一口"干煸牛肉"后眼泪都辣了出来，非常生气地用日语对服务员叫嚷。服务员听不懂他的意思，又去把那位懂日语的同事请来圆场。

"我们根本就没有要这位小姐点的'内脏'和'肥肉'（指肥肠和扣肉），是她为我们推荐的。牛肉又放了这么多辣椒，根本不符合我们的口味。我们不信中国人能吃这满满一盘辣椒，是否可以请那位小姐为我们表演一下！"这位客人毫不客气地对懂日语的服务员讲。

当服务员搞清客人的意思后，忙向他们表示道歉，并请同事告诉他们，点错的菜可以退掉，改换一些可口的菜，损失由她来负责。

"我们可以再点一些菜，但我要亲眼看着她吃掉这盘辣椒，否则就是故意戏弄我们。"那位客人仍在坚持。

"先生，我们的服务员不了解贵方的饮食习惯，做出了失礼的事，请多多谅解。不合各位口味的菜，可以统统退掉。至于吃辣椒，还是免了吧。贵方很喜欢吃生鱼片，我国南方一些地方的人则喜欢吃辣椒，不过到酒店吃饭只是为了品尝不同的风味，不一定把所有的菜都吃掉。况且我们酒店的工作人员是不允许在客人面前吃东西的。"餐厅经理走过来通过懂日语的服务员向客人耐心地解释。

"不行，我就是要看谁能吃下这盘辣椒，是不是故意给我难堪！"这位客人固执地说。

这时一位食客打抱不平地站在日本人面前，要了一双筷子，端过"干煸牛肉"便吃了起来，他专捡盘子里的尖椒吃，不一会儿就把所有的辣椒都吃光了，只惊得在场的人无不目瞪口呆。"老子还没吃够呢，真是少见多怪。"说完他转身就走，服务员向他投去感激的目光。

"好，我佩服！这些菜都不用退了。我们再要一些四川风味的菜，但还是不能太辣。"日本客人终于让步了。

案例分析：不了解客人的忌讳和用餐习惯是引发突发事件的一个起因，容易造成宾客的误会和不满。案例中的服务员就是因为不了解日本人的忌讳和饮食习惯，又没有及时与懂日语的同事调换服务位置，从而得罪了客人，造成了被动局面。要不是见义勇为的食客出手，这种尴尬的局面还真不好处理。因此，作为一个餐厅服务员，应该了解国内外主要客源市场的民俗禁忌和饮食习惯。

日本人忌讳荷花和梅花图案，喜欢玫瑰和菊花，而法国人则认为菊花会带来晦气。中国人认为数字"9"是吉祥的数，而日本人却忌讳这个数。日本人不喜欢吃肥肉、动物内脏和太辣的食品，而中国南方某些地方的人却和他们大相径庭。服务员应不断熟悉和掌握这些方面的文化知识，针对不同宾客的民族、习惯、口味和要求提供服务，在不了解其忌讳时不要主动推销产品，以免弄巧成拙，处于被动境地。

5. 根据美观实用的要求进行设计

宴会台面设计是运用一定的心理学和美学知识进行桌面布置的艺术过程，它将文化与美学结合起来进行造型创作，对宴会台面进行合理摆设和装饰点缀，给客人艺术美的享受，起到烘托宴会气氛、增添客人进餐情趣的作用。

◆── 任务二　宴会花台制作流程 ──◆

花台是台面设计常用的一个台面，它是用鲜花造型而成的供人观赏的台面。一个完美的花台设计，就像一件美学杰作，它运用一定的美学知识和插花技法，以鲜花为主要材质进行艺术造型，给客人艺术美的视觉和心理冲击，令人心旷神怡、赏心悦目，增添宴会气氛。下面就简单介绍一下宴会花台制作的流程。

一、构思花台造型

构思花台造型是花台制作的第一步，花台造型要符合宴会主题，要有整体性和协调性，还要注意以下三点：

（1）主题鲜明。主题鲜明就是明确主题，这是构思花台造型的第一步。花台的主题是根据宴会主题确定的，有了主题，就可以根据主题创作出不同类型、不同风格、不同意境的花台。

（2）独具特色。在明确主题的前提下，花台的造型要有新意，独具特色，要充分发挥想象力和创造力，设计出合时、合意、合适的花台。

（3）符合场境。花台造型要根据宴会厅的环境、餐桌的大小和形状进行创作，花材颜色的选择要与宴会厅环境色调相协调，花台的造型要考虑餐桌的大小和形状。

二、选择花材

选择花材是花台制作的基础，花材就是制作花类产品所用的材料，可以广泛指代我们在花类产品上看到的一切组成部分，包括主花、配花、绿叶类衬托植物等。若花材选用不恰当就达不到花台制作的效果，只有正确选择合适的花材，才能给花台制作提供好的基础。

（一）花材寓意

中西方都有用花、草、果、木表达心情的风俗习惯，取自花材的形状、香气、季节、谐音等，赋予花材特别的含意，用花的寓意表达内心语言。这就意味着在挑选花材时一定要注意花材寓意，尊重客人的民族与宗教习惯，选用客人喜欢的花材，避免使用忌讳花材。例如春天，选用带有嫩叶的枝叶配初放的玉兰，表现少女的纯真；夏天，火红的石榴花配红玫瑰，喻示年轻人炽热的青春；秋天，白桦枝配橘红百合，显示中年人的坎坷；冬天，翠柏配菊，显示老年人的沉稳和静穆。四季中由于气候不同，植物的景观季相也在发生变化，因此根据每个人不同的境遇，选用适合表现四季的花材，才能塑造好的花台作品。

【知识链接】

鲜花物语[①]

红玫瑰——真实热烈的爱　　　　　　黄玫瑰——道歉

粉玫瑰——初恋，温馨的爱　　　　　白玫瑰——纯洁无瑕，尊敬

黑玫瑰——独特，专一　　　　　　　紫玫瑰——浪漫真情和珍贵独特

蓝玫瑰——敦厚善良　　　　　　　　橘红玫瑰——友情和青春美丽

绿玫瑰——纯真简朴，青春长驻　　　白百合——百年好合，伟大的爱

粉百合——清纯，高雅　　　　　　　黄百合——财富，高贵

火百合——热烈的爱　　　　　　　　水仙百合——喜悦，期待相逢

红康乃馨——母亲健康长寿　　　　　黄康乃馨——对母亲的感激之情

粉康乃馨——母亲永远年轻　　　　　白康乃馨——对母亲的怀念

紫康乃馨——真诚，勇敢　　　　　　红色郁金香——热烈的爱意

粉色郁金香——永远的爱，幸福　　　黄色郁金香——开朗，拒绝，无望的爱

白色郁金香——纯洁清高的恋情　　　黑色郁金香——独特领袖权力

紫色郁金香——永不磨灭的爱情　　　满天星——纯洁与思念

牡丹——气质高雅，雍容华贵　　　　剑兰——步步高

非洲菊——有毅力，不怕困难　　　　雏菊——纯洁无瑕

天堂鸟——自由吉祥　　　　　　　　菊花——清高，长寿，高洁

勿忘我——永世不忘　　　　　　　　红掌——红运当头

紫罗兰——永恒的美　　　　　　　　富贵竹——吉祥富贵

万年青——友谊长存　　　　　　　　大丽花——大吉大利

一品红——普天同庆　　　　　　　　银芽柳——希望，光明

常春藤——友情，忠诚的爱　　　　　荷花——纯洁

马蹄莲——永结同心　　　　　　　　水仙——吉祥如意

兰花——友谊，喜悦

---

① 资料来源：http://www.7caihua.com/news/news_17.html。

（二）花材形状

挑选花材时，要注意其形状与花台主题、花器要协调。

（三）花材色彩

色彩是构成美的重要因素，花台制作要按照色彩美学规律选择花材，根据宴会主题进行色彩搭配，确定主花和主色调。在色彩选择上要有主次之分，不可平均分配。

（四）花材品相

选择花材时要注意花材的品相，也就是质量，要选用花朵充实、饱满、无伤，色彩鲜明，叶绿，无病害，新鲜，茎秆粗壮、挺直、较长，切口整齐、干净，颜色正常，无腐败变色现象，手摸切口净、涩无滑腻感的花材。每种鲜花均有其特点，在挑选不同的鲜花时要有不同的判别标准。例如康乃馨，花半开，花苞充实，花瓣挺实无焦边，花萼不开裂；勿忘我，花多色正，成熟度好，不过嫩，叶片浓绿不发黄，枝秆挺实分枝多，无盲枝，如有白色小花更佳；百合，茎挺直有力，仅有一两朵花半开或开放（因花头多少而定），开放花朵新鲜饱满，无干边。

三、配置器具

（一）花器

配置花器是花台制作的一个重要步骤，花器选用的材料非常广，有瓷器、陶器、玻璃、塑料、铜器、铝器、锡器、木器、漆器、竹器、石器、玉器、贝壳、椰壳等，几乎凡是可以盛水的器物都可以作为花器。花器虽然种类繁多，变化万千，但万变不离其宗，基本的形态不外乎这样几种：盘、钵、筒、瓶及其变形。在为花台挑选花器时，一定要结合宴会环境、客人的品位、表达的情趣、造型的需要等因素综合考虑，这样才能为花材配置最合适的花器，才能达到最佳的花台制作效果。如中式摆设的环境与花材要协调，一般不宜选用太豪华的花器。当花材色彩深时，花器宜色浅；反之，花材颜色浅淡则花器可稍深，深淡相映才能托出花之艳丽。一般外形简洁、中性色彩的花器如黑色、灰白色、米色、浅蓝色、暗绿色、紫砂等对花材的适应性较广，使用较普遍。

（二）固定花材用具

1. 花插

花插又名剑山，由许多铜针固定在锡座上铸成，有一定重量以保持稳定。花茎可直接在这些铜针上或插入针间缝隙加以定位。花插使用寿命较长，是浅盘插花必备的用具，有长方形、圆形、半月形等多种形状。

2. 花泥

花泥又名花泉，由酚醛塑料发泡制成，可随意切割，吸水性强，干时很轻，浸水后变重，有一定的支撑强度，花茎插入即可定位，十分方便。尤其西式插花强调几何图形的轮廓清晰，花材须从花器口水平外伸，这时，只有使用花泥才能达到。但插后的孔洞不能复原，使用一两次后即须更换。浸泡时，应让其自然吸水，切忌用手强按下，否则内部空气不能排出，吸不透水。

3. 铁丝网

铁丝网即由细铁丝编织成六角形的孔网。高型花器不能使用剑山，可采用铁丝网。把网卷成筒状插入瓶内，花茎插入网孔，利用铁丝得以定位。当用花泥插粗茎花材时，也须在花泥外罩一层铁丝网以增加强度。大型作品可用铁丝网包裹花泥，再用铁丝固定在需插花之处，十分方便。

（三）其他用具及附属品

1. 工具

插花的工具很多，有专用工具，也有一些辅助工具，每一种工具都有各自的功用，大致可以分为以下几类：

（1）修剪工具。插花使用的修剪工具主要有剪刀、刀和锯。剪刀是必备工具，尤其在修剪木本植物时必不可少，可以根据需要准备各种类型，如枝剪和普通剪等。刀是用来切削草本花枝以及雕刻和去皮的。花艺设计时，往往为求速度，多用刀而不用剪。锯主要用于较粗的木本植物截锯修剪。

（2）辅助工具。辅助工具有金属丝、铁丝钳、绿色胶带、喷水器等。金属丝一般较多使用18—28号的铅丝，号码越大，铁丝越细。最好用绿棉纸或绿漆做表面处理。在插花过程中，对花茎细小、柔软或脆弱易断的花材，要用金属丝插入花头或茎内，使其坚挺，易于造型。铁丝钳用于剪断铁丝。用铁丝缠绕过的花枝可用绿色胶带缠卷。折断的花枝如欲继续使用，可用胶带包卷使其复原。花材整理修剪后，未插之前及插好之后都要喷水，以保持花材新鲜。

2. 附属品

在插花作品周围放一些小摆饰物，如瓷人、小动物、丝带花等，以增添气氛。但必须注意，附属品的大小、形态和摆设位置务必要与插花作品相衬，不能喧宾夺主，更不应滥用，否则不伦不类，令人啼笑皆非，能不用时尽量不用。

四、造型插作

花材选好后，开始运用花材修剪、花材弯曲造型和花材固定三项基本技能，把花材的形态展现出来。在这一过程中应注意捕捉花材的特点与情感，务求以最美的角度呈现，让主题花材位于显眼之处，从而完成花台制作。

（一）花材修剪

这是插花最重要的一环，从一开始直到作品完成的最后一刻都要剪不离手。如何取舍是初学者首先碰到的难题，有如服装的剪裁，决定着衣服是否合身美观。自然的花材，欲令其美态生动地表露出来，合乎自己的构思，必须善于修剪。修剪时可注意下列几点：

（1）顺其自然。仔细审视枝条，观察哪个枝条的表现力强，哪个枝条最优美，其余的剪除。

（2）同方向平行的枝条只留一枝，其余剪去，以避免单调。

（3）从正面看，近距离的重叠枝、交叉枝要适当剪去，使之轻巧且有变化，活泼而不繁杂。

（4）枝条的长短，视环境与花器的大小和构图需要而定。

（5）在整个插作过程中，要仔细观察，凡有碍于构图、创意表达的多余枝条一律剪除。

（6）草花用刃尖剪，在节下剪容易插。木本要斜剪，剪柳、桃枝时，刀刃要沿着枝干平行地剪，不要留下切口；梅和木瓜则与枝干垂直地剪去小枝。

（7）除刺。有些花材（如月季等）有刺，插前宜先去除刺，可用除刺器或小刀削除。

（8）去残。花材有残缺者，宜修剪，如月季花外层花瓣往往色泽不匀且有焦缺，宜剥除两三片。

总之，要运用自己的经验和智慧，眼明、心细、胆大地决定取舍，才能创造出优美动人的艺术作品来。

（二）花材弯曲造型

自然生长的植物往往不尽如人意，为了表现曲线美，使之富于变化新奇，往往需要做些人工处理，这就要求插花者用精细的弯曲技巧来弥补先天不足。现代插花为了造型的需要，也将花材弯成各种形状，所以弯曲造型的技巧也是插花者手法高低的分界线。弯枝造型的方法和要领分述如下：

1. 枝条的弯曲法

枝条的枝节和芽的部位以及交叉点处都较易折断，故应避开，在两节之间进行弯曲为好。一些易折断的枝条，压弯时可稍做扭转。根据枝条的粗细硬度不同，采用的手法也有所不同。

（1）粗大树干可用锯或刀先锯一两个缺口，深度为枝粗的 1/3—1/2，嵌入小楔子，强制其弯曲。

（2）枝条较硬、不太容易弯曲的，可用两手持花枝，手臂贴着身体，大拇指压着要弯的部位，注意双手要并拢才可有效控制力度，慢慢用力向下弯曲，否则容易折断。如枝条较脆易断，则可将弯曲的部位放入热水中（也可加些醋）浸渍，取出后立刻放入冷水中弄弯。花叶较多的树枝，须先把花叶包扎遮掩好，直接放在火上烤，每次烤两三分钟，重复多次，直到树枝柔软，足以弯曲成所需的角度为止，然后放入冷水中定型。

（3）软枝较易弯曲，如银柳、连翘等枝条，用两只拇指对放在需要弯曲处，慢慢掰动枝条即可。

（4）草本花枝如文竹等纤细的枝条，可用右手拿着草茎的适当位置，左手旋扭草茎，即可弯曲成所需的形态。

2. 叶片的弯曲造型

（1）柔软的叶子可夹在指缝中轻轻抽动，反复数次即会变弯，也可将叶片卷紧后再放开即会变弯。

（2）叶子呈现非自然形状，可用大头针、订书针或透明胶纸加以固定，或用手撕裂成各种形状。

3. 铁丝的应用

运用铁丝进行组合或弯曲造型，也是常用的方法。尤其制作胸花或手捧花时，铁丝的运用更为常见。一些花茎如剑兰、非洲菊等不易弯曲，可用铁丝穿入茎干中，再慢慢弯曲成所需的角度。

（三）花材固定

花材经过修剪、弯曲，最终必须把它的位置和角度按构思的布局固定下来，才能形成优美的造型。这就得依靠巧妙的固定技术。固定方法常见的有以下几种：

1. 盘、钵固定法

一般用剑山固定。这种固定法可使作品显得清雅，插口紧凑、干净，但需一定技巧。草本花材茎秆较软，剪口宜与茎秆垂直，不要剪成斜口，然后直接插在剑山上。当枝条太细而固定不稳时，可先在基部卷上纸条，或将其绑在其他枝上，或插入较松的短茎内再插入剑山；空心的茎，可先插上小枝，再把茎干套入；木本枝条较硬，容易把剑山的针压弯，故宜将切口剪尖，插在针与针之间的缝隙中固定，如需倾斜角度时，则应先垂直插入，再轻轻把茎压到所需位置；茎干太粗时，要先把基部切开，切口约为剑山针长的两倍，然后再插入，这样较易稳固。如一个剑山的重量不够支撑时，可以加压剑山，务求稳定；粗大的树干无法使用剑山，则可用钉子将切口钉在木板上，然后放入盆中，用石块盖压木板。

2. 瓶插固定法

高瓶插花不能使用剑山，固定的作用一是使花枝不会直插入深水中引起腐烂；二是可使花枝处于不同的角度，便于造型。因此要求有较高的固定技术才能使花枝位置稳定，一般有下面几种固定法：

（1）瓶口隔小法。用有弹性的枝条把瓶口隔成小格，以减少花枝晃动的范围。剪取2—4段比瓶口直径稍长的茎或"Y"形枝条，轻轻压入瓶口1—3厘米处，把瓶口隔成几个小格，在其中一小格内插入花材，以十字架为支撑点，末端则靠紧瓶壁得以定位。插好后也可再压入一横枝，把花材迫紧。此外，还应注意花材的平衡，找好花材的重心，如自动转向，则应向相反方向加之稍弯，使力得以平衡，枝条位置能固定。

（2）接枝法。在花枝上绑接其他枝条，使枝条与瓶壁和瓶底构成三个支撑点，限制其摆动。木本枝驳接时可把枝条端部劈开裂口，互相交叉夹住。草本枝茎较软，可将竹签横向插入茎内，利用竹签与瓶壁支撑，使花材固定。

（3）弯枝法。利用枝条弯曲产生的反弹力，靠紧壁得以定位，但注意不能折断，否则失去作用，这种方法适用于较柔软的枝条。

（4）铁丝网固定法。把铁网卷成筒状放入瓶内，利用铁丝把花材固定。

3. 花泥固定法

这是近年来流行的方法，使用方便，不需高超的技术，枝条随意插入都能定位，西式插花更要用花泥才能保证几何图形的轮廓清晰。花泥的使用方法为：先按花器口的大小切成小块，花泥一般应高出花器口3—4厘米。然后浸入水中，让其自然下沉（不要用手按，以便内部空气排出），吸足水后即可拿出使用。为了稳定，可用防水胶带把花泥固定在花器上。当花器较高时，可在花泥下面放置填充物。如花器是竹篮等不能盛水时，则可在花泥下部垫以锡箔纸或塑料袋。为防锡箔纸滑脱，可先将锡箔纸弄皱之后再用。插粗茎干时，应用铁丝网罩在花泥外面，以增强支撑能力。

五、检查制作完毕的花台，改进不足之处，收拾洁净桌面

（一）辅助弥补花材不足

（1）花材枝干较短时，可将其他枝干用金属丝绑在较短花枝的下方，增加其长度；花枝较细软时，可用其他粗枝固定在细枝上，增强其支撑力。

（2）花朵未开或太小时，可向枝朵吹气或用手帮助其打开，该法适用于玫瑰、石竹等。

（3）花材水分流失时，可以喷水，避免风吹、日晒、烟熏。

（二）清理现场

保持环境清洁，这是花台制作不可缺少的一环。花台制作前应先铺上废报纸或塑料布，花材在垫纸上进行修剪加工，作品完成后把垫纸连同废弃物一起卷走，保证现场不留下水痕和废枝残叶。

◆── 任务三　宴会台形设计 ──◆

一、宴会台形设计的含义

宴会台形设计就是将宴会所用的餐桌按一定要求排列组成的各种格局。

二、中式宴会台形设计

（一）小型宴会台形设计（1—10桌）

1. 一桌宴会台形设计

设计要求：餐桌应置于宴会厅中央，宴会厅中心顶灯对准餐桌中心。

2. 两桌宴会台形设计

设计要求：餐桌应根据厅房形状和门的方位来定，分布成横一字形或竖一字形，主桌在厅堂的正面上位。

3. 三桌宴会台形设计

设计要求：正方形宴会厅摆成品字形；长方形宴会厅摆成一字形。

4. 四桌宴会台形设计

设计要求：正方形宴会厅摆成正方形；长方形宴会厅摆成菱形。

5. 五桌宴会台形设计

设计要求：正方形宴会厅摆成"器"字形，厅中心摆主桌，四角方向各摆一桌，也可摆成梅花形；长方形宴会厅主桌放于厅房正上方，其余四桌摆成正方形。

6. 六桌宴会台形设计

设计要求：正方形宴会厅摆成梅花瓣形或"金"字形；长方形宴会厅摆成菱形、长方形或

三角形。

7. 七桌宴会台形设计

设计要求：正方形宴会厅摆成六瓣花形，即中心主桌，周围摆六桌；长方形宴会厅摆成竖长方形，即主桌在正上方，六桌在下。

8. 8—10 桌宴会台形设计

设计要求：主桌在宴会厅正面上位或居中，其余各桌按顺序排列，或横或竖，或双排或三排。

（二）中型宴会台形设计（11—30 桌）

设计要求：

（1）突出主桌。

（2）根据宴会厅形状进行摆设。

（3）主桌不编号，其余各桌均需要编号，且双数在左边，单数在右边。

（三）大型宴会台形设计（31 桌及以上）

设计要求：

（1）突出主桌。

（2）根据宴会厅形状进行摆设。

（3）除主桌外，其他餐桌均应编号，按剧院座位排号法编号。

三、西式宴会台形设计

西式宴会台形设计主要有一字形台、U 形岩、E 形台、"回"字形台等。

（1）一字形台。一字形长台通常设在宴会厅的正中央，与宴会厅四周的距离大致相等，但应留有较充分的位置，以便于服务员操作。

（2）U 形台。U 形台又称马蹄形台，一般要求横向长度应比竖向长度短一些。

（3）E 形台。E 形台的三翼长度应相等，竖向长度应比横向长度长一些。

（4）"回"字形台。"回"字形台一般设在宴会厅的中央，是一个中空的台形。

除上述基本台形外，还有 T 形、M 形、星形、鱼骨形、教室形、N 形、I 形、梳子形等，现在许多西餐宴会也使用中餐的圆桌来设计台形。总之，西餐宴会的台形应根据宴会规模、宴会厅形状及宴会主办者的要求灵活设计。

四、鸡尾酒会台形设计

鸡尾酒会实际是以品尝多种酒配制的混合饮料为主的宴会。鸡尾酒会在不同的时间段，使用不同品种数量的食品，选用不同的饮料、酒品，人数可多可少，客人可先后出入，地点随意，时间的约束较小，台形设计无定式。这种酒会不设主宾席，宾客可以随意走动，自由交谈。有时候为了照顾一些年老或残疾人士，也会安排一些座椅供他们休息，这些座椅一般靠边摆放，不影响大部分宾客的交流。酒会现场一般不设餐台，不配备刀叉，只布置一些小圆桌，以便宾客放置酒杯或点心碟，小圆桌上可以点燃一盆蜡烛花，以增添酒会气氛。酒会开始后，由服务员端着酒菜巡回敬让，宾客自由选取，站立用餐。在酒会现场周围或正中心摆放酒吧台，供服务人员兑酒水和备餐用，宾客也可自行到酒吧台取用。

由于不摆放餐座餐椅，因而鸡尾酒会现场可容纳的人数相对较多，在选择场地时，要考虑场地既不能太大（会拉大人们之间的距离），又不能太小（妨碍人们的走动和服务员的服务）。

五、冷餐会台形设计

冷餐会又称自助餐会，是当今较流行的服务方式，适用于会议用餐、团队用餐和各种大中型活动。冷餐会一般有设座和立式两种就餐形式。不设座的立式就餐可以在有限的空间里容纳更多的宾客，而且气氛活跃，不必拘泥；设座冷餐会的规格较立式高，得到的个人照顾多。

（一）设计要点

（1）空间充足，餐台数量合理。

（2）客人单边取菜宽度不能超过60厘米，两边取菜宽度不大于60厘米+60厘米+中间装饰物的宽度，长度为（菜盘长度+两菜之间的间距）×菜的数量。

（3）为了突出主题，可在厅房的主要部位布置装饰台，通常放置点心水果盘。

（4）要有足够宽敞的通道，以保证人流的通畅。

（二）台形形式

冷餐会菜台拼搭的各类桌子尺寸必须规范，桌形的变化要服从实际需要，根据各种场合的不同需要和宾客的要求，拼摆成各种形状，进行各式各样的布置。餐台分布匀称，根据宾客人数安排餐桌及餐椅，餐桌可组合成各种图案进行摆放。

◆── 任务四 宴会台面设计实例赏析 ──◆

一、中餐主题宴会台面设计实例赏析

（一）"同乐同趣"宴台面设计赏析

1. 主题创意说明

该宴会主题"同乐同趣"，取名于"童乐童趣"的谐音，主要是为了庆祝儿童的生日宴会。这份灵感来自于孩子对生日的期盼、一年一度的"六一"儿童节以及罗大佑的歌曲《童年》。

2. 台面设计解析

中心装饰物的底层是用宣传板裁剪做成的一个苹果状底盘，寓意着小朋友们及其他参加这场生日宴会的所有人在以后的生活中都能平平安安、健健康康。在苹果状的底盘上面铺上一层胶质的青草，并在青草上面撒上五颜六色的小花。这样，翠绿的草坪上，弥漫着花草的芳香，呈现出一派春暖花开的景象。在这里借小草生命力的顽强，祝愿孩子们能够健康茁壮地成长，希望我们祖国的花朵在阳光下灿烂地绽放。草坪的左上方，放置着一个精致的旋转木马，小朋友们在旋转木马上露出灿烂的笑容，撒下一串串银铃般的笑声，多么天真无邪！这份纯真，显现出了一种童趣。在旋转木马的对面放置一个木制小秋千，瞧，那两个小朋友正陶醉在秋千的乐趣里，笑声萦绕四周。这悦耳的笑声传达着小朋友们生活的无忧无虑，而那辽阔的天空也正等待着孩子们去遨游飞翔。祝愿所有的小朋友在以后的成长道路上飞得更高、走得更远。草坪的中间，放置着用橡皮泥捏制的小泥人，小泥人呈大写字母"L"形，寓意着人们相亲相爱、共享快乐。紧接着在草坪下方有一条弧形轨道，上面正行驶着一辆开往幸福方向的列车，希望孩子和父母们能够一直幸福地生活着。

在苹果果把上竖着小朋友喜欢的大型波板棒棒糖作为宴会主题的指示牌，并用巧克力果酱写上主人公的名字及祝福。铺上精心挑选的淡金黄色的大桌布，上方再铺上奶油色的方桌布。淡金黄色能使人兴奋活跃，而奶油色会令人觉得纯洁天真。骨碟、汤碗、筷子用青绿色四叶草系列，象征着幸运，这又能让孩子们在兴奋中带有一丝清爽自然的感受。用乳白色的口布叠成美丽的蝴蝶结状放在骨碟上，带给孩子亲切淡雅的感觉。在桌子上放上专门制作的糖果型精美菜单，与宴会主题指示牌相呼应。

最后，俯瞰台面，整体布局好似一张笑脸：有相对而立的旋转木马和秋千作为笑脸的眼睛，有"L"形排成的小泥人作为鼻子，有弧形列车作为上扬的嘴角。该主题展现出儿童天真无邪的快乐，也表达了我们对童年的回忆以及对美好事物的追求。

（二）"桃李献礼"宴台面设计赏析

1．主题创意说明

该宴会主题"桃李献礼"，主要为感谢老师而举办。其灵感来源于晚唐诗人李商隐的诗句"春蚕到死丝方尽，蜡炬成灰泪始干"，人们生动地把老师比作"春蚕"，是对老师无私奉献精神和高尚品质的高度评价，人们赞美他们就像春蚕一样"吐尽心中万缕丝，奉献人生无限爱，默默无闻无所图，织就锦绣暖人间"。同时，老师就像蜡烛，把自己的知识传授给学生，用智慧和品格之光给学生照亮前进的航程。"师者，所以传道授业解惑也。"老师，从古至今，一直是文化的传承者、道德的启蒙者、思想的先驱者。为了感恩老师，所以设计这么一个谢师宴，代天下桃李恭祝老师幸福快乐。

2．台面设计解析

中央主题是一个圆盘模型。模型上呈现的是一块绿色的草皮，上面有一条蜿蜒的小道（占据主题的1/3），象征着我们的人生不可能一帆风顺，直达成功，而是在人生道路上会遇到曲曲折折的磨难和困难。小路尽头是一个灯塔，塔顶上有一颗明珠，是希望之塔、梦想之塔。而老师就是我们人生道路上的引路人，在我们曲折、黑暗的人生道路上点燃了一盏最明亮的灯塔，不管前途多么渺茫、曲折，总有那盏明灯为我们指明前进的方向。小路另一边是一个戴眼镜的小孩，小孩后面是一个方形小栅栏，栏内有各种怒放的鲜花，表现了老师就像辛勤的园丁，用辛勤的汗水培育出这满园的花色。在灯塔的对面放置的是一艘扬帆而发的航船，学子是船，老师是帆，引领学子在浩瀚无垠的知识海洋里不断向前。在主题的四周，是用康乃馨间插百合首尾相连环绕，表达出学子们对老师的敬爱，人人献上最美丽的花，编织成一个美丽的大花环献给亲爱的老师们。在台面的正中心摆放一根点燃的蜡烛，寓意老师好比蜡烛，赞美老师燃烧自己、照亮别人的无私奉献精神。烛光照亮整个台面，营造出一种温馨的氛围。

用一块黄色的台布，表达出老师劳作的辛勤，在希望的田野上硕果累累，收获了一大片金黄的稻穗。口布采用绿色，辅以给人温暖的烛光，旨在营造温馨的氛围。折花的话，主人位将是高高的蜡烛，其他的口布由折成高度大致相等的花、鸟间隔着放置。花寓意桃李满天下，鸟象征着放飞的希望，以此来传达天下学子对老师美好的祝愿。

餐具（包括碗、碟、汤勺、筷架）用青花瓷的，既淡雅，又可以彰显古香古色的文化气息。青花瓷是瓷器中的精品，它高贵、典雅，彰显着独特的魅力，老师不也就像这一个个的青花瓷器么？杯具以及烟灰缸采用透明的水晶材质，杯口镶上淡金色渡边。

整个台面呈现出了老师的无私奉献，赞美了老师的高贵品质，表达了天下学子对老师的感谢之情，并把美好的祝愿送给他们。

二、西餐主题宴会台面设计实例赏析

（一）"梦想天空"宴台面设计赏析

1. 主题创意说明

该主题名称为"梦想天空"，是因为每个人都有梦想，在追梦的路上，每个人都走得很辛苦，流过泪、流过汗，怯懦的人在困难面前退缩了，勇敢的人为了梦想敢于迎接挑战，克服重重困难，决不放弃对梦想的追逐，因为他们每向前迈一步，都会感受到接近梦想的幸福与快乐。

2. 台面设计解析

台面中心摆放一个制作精美的透明玻璃花器，花器里面放着一块用绿色叶子包裹的正方形花泥，花泥上用插花技巧把红掌、泰国兰花、常青藤和钢草做了一个鲜花造型，花泥周围充盈着许多代表梦想的晶莹剔透的水晶珠子。红掌的花语是热情的心、大展宏图；泰国兰花的花语是热情、自信。美丽的花台造型蕴涵着在梦想天空，每个追梦的勇敢者都在热情地、自信地为了梦想而大展宏图。

整个台面以红色为基调：选用红色台布代表追求梦想收获的幸福与快乐；黑色口布代表追求梦想的重重困难。银边餐具，镀银的烛台，晶莹剔透的酒杯，质高玉洁，丽而不骄，贵而不奢。主人、副主人位盘花突出，客位盘花整齐排列，美观、大方，点缀和烘托台面主题与氛围。

（二）"蓝玫之夜"宴台面设计赏析

1. 主题创意说明

该主题名称为"蓝玫之夜"，在花的国度里，唯有玫瑰是集美与爱于一身的使者，而蓝玫瑰更是堪称玫瑰中的上品，蕴含着对恋人深深的爱，对夫妻间感情最真的诠释，在特别日子里最美好的祝福，对已逝去日子的美好回忆。

在情人节这个特殊的节日里，每位宾客心中都有一块对美与爱的秘密心田，而蓝玫瑰是对美与爱的最好诠释。

2.台面设计解析

台面中心摆放一个制作精美的古典蓝色花瓶，里面插满经过技术和艺术加工的蓝玫瑰花束，花束里每支珍贵的蓝玫瑰都带着相守的承诺，带着相遇的缘分。虽然蓝色内含了淡淡的忧伤，代表爱在心头口难开，是珍贵、稀有的爱，但它也代表了敦厚善良。它会使你感觉为了美与爱，什么东西都包容得下，你可以对它吐露一切，它总会回报你温暖的阳光，让你满怀信心地大步前行。蓝玫满足了所有宾客对美与爱的幻想。

整个台面以紫色为基调，选用淡紫色台布、深紫色口布，紫色为客人营造了神秘、梦幻的浪漫氛围。银边餐具，银色烛台，晶莹剔透的酒杯，盘花整齐排列，在情人节的夜晚，当晚宴的灯光闪烁的时候，眼神也会变得迷离，于是蓝玫瑰醉人的芳香，翩然沁入宾客的心间，使每位宾客怦然心动，浮想联翩，有诉不尽的对美与爱的幻想与渴望。

◆——　课后习题　——◆

一、思考题

1.简述宴会台面设计的基本要求。

2.宴会台面命名的方法有哪些？

3.花材制作的三个基本技能是什么？

4.中式中型宴会台面设计的要求有哪些？

二、案例分析题

台面装饰花的风波[①]

一天，沈阳某五星级酒店接到了一个大型商务宴会的订单。据了解，参加这场宴会的宾客主要是各国驻华商务人士，宴会由国内某知名公司主办。这场宴会规格很高，主办方非常重视，他们特别强调宴会厅应精心布置，要烘托出宴会的气氛。酒店管理者精心制订了一套方案，并于宴会当天早早地布置好了宴会厅。当主办方宣布宴会开始后，客商们被请到了宴会厅，只见宴会大厅灯火辉煌，充满了浓浓的欢迎气氛。每一张宴会桌上都摆放着一盆大绣球似的菊花插花，远远望去，黄澄澄的，甚是可爱。客人们按指定座位一一入座，就在这时，领位员发现，贵宾区的几张桌子前仍有数名客人站着。她走上前去询问缘由，通过翻译得知，那些客人都是法国人，而法国人认为黄菊花不吉利，不肯入座。随后酒店的总经理向客人道歉，并马上安排服务员将黄色的菊花换成红色的玫瑰，法国客人这才愉快地入座。

———————

① 资料来源：邓英，马丽涛.餐饮服务实训：项目课程教材 [M].北京：电子工业出版社，2009.

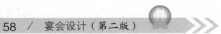

思考：

1. 法国人除不喜欢黄菊花外，还不喜欢什么花？

2. 法国人在颜色和数字上有什么禁忌？

三、情境实训

1. 上网查找有关节日的台面设计主题名称，并结合所学分析该主题是采用什么方法命名的。

目的：使学生根据实例充分理解台面命名的方法。

要求：查找节日宴会至少四个主题台面，分析充分。

2. 选择当地四星、五星级酒店，调查宴会部最有影响力的主题台面，并对其设计进行比较分析。

目的：通过调查分析使学生了解台面设计在实际中的应用情况。

要求：小组调查，提交报告，选择本地四星级以上酒店。

【项目导读】

本项目有三个任务：任务一是宴会菜单设计知识，阐述了宴会菜单的含义和分类、宴会菜单设计的要求、宴会菜肴的设计方法和程序；任务二是宴会菜单制作方法，阐述了宴会菜单的材料、图文编排以及宴席菜单外观装帧；任务三是宴会菜单设计赏析，赏析了中式寿宴菜单、中式家宴菜单、婚宴菜单以及湖北鱼鲜宴菜单。

【学习目标】

1. 知识目标：了解和熟悉宴会菜单的含义和分类；熟练掌握宴会菜单的设计方法和程序；掌握宴会菜单的制作方法。

2. 能力目标：通过系统的理论知识学习，能针对不同的宴会进行菜肴的全面设计。

3. 素质目标：了解宴会菜单在餐饮经营管理中的作用，掌握宴会菜单的设计程序，能够进行不同宴会菜单的设计。

宴会菜单是宴会设计的重要组成部分，宴会菜单设计是一项复杂的工作，也是一种要求很高的创造性劳动。宴会菜单设计具有专业性，它要求设计者不仅要掌握烹饪学、营养学、美学等学科知识，而且还应该了解顾客的需要和喜好，洞察顾客的消费心理，制定合理的价格。宴会菜单讲究规格、传统、名菜和特色。

◆── 任务一　宴会菜单设计知识 ──◆

一、宴会菜单的含义

（一）宴会菜单的定义

宴会菜单又称宴席菜谱，是指按照宴席的结构和要求，将酒水冷碟、热炒大菜、饭点蜜果三组食品按一定比例和程序编成的菜点清单。

宴会菜单设计包括对组成一次宴会菜肴的整体设计和具体每道菜的设计。无论作为宴会厅的管理者，还是宴会的策划者，或是厨房的厨师长和厨师，都应熟练掌握宴会菜肴设计知识，不能照抄照搬一些现成的宴会套菜，或将一些单个菜肴、点心随意拼凑。宴会菜单设计是"菜品组合的艺术"，是开展宴会的基础，不仅能增加宴席的氛围，也可以使宾客得到完美的精神享受和物质享受。

（二）宴会菜单的作用

1. 沟通企业与顾客的桥梁

餐饮企业通过宴会菜单向顾客介绍宴会菜肴及菜肴特色，进而推销宴会及餐饮服务。客人则通过宴会菜单了解整桌宴会的概况，如宴会的规格、菜品的数量、原料的构成、菜品的特色和上菜的程序等，并凭借宴会菜单决定是否预订宴会。因此，宴会菜单是餐饮企业与顾客沟通的桥梁，起着促成宴席订购的媒介作用。

2. 制作宴会的"施工图"和"示意图"

宴会菜单在整个宴会经营活动中起着计划和控制的作用。烹饪原料的采购、厨房人员的配备、宴会菜品的制作、餐饮成本的控制、接待服务工作的安排等全部都根据宴会菜单来决定。

3. 体现经营水平和管理水平的标志

宴会菜单是整桌宴席菜品的文字记录，凡选料、组配、排菜、营销、服务等，都由宴会菜单体现出来。通过宴会菜单的排列组合、设计与装帧，顾客很容易判断出该酒店的风味特色、经营能力及管理水平。

4. 既是艺术品又是宣传品

一份设计精美的宴会菜单，能够成为酒店的主要广告宣传品，既可以宣传企业，又可以推销宴会，方便客人联系预订宴会，还可以营造用餐气氛，反映宴会厅的格调。有纪念性的宴会菜单，不仅能使顾客对陈列的美味佳肴留下深刻印象，还可以作为一种予以欣赏的艺术品留作纪念，引起客人美好的回忆。

【案例分析】

菜单寄真情①

　　某酒店在当地既不是规模最大的，也不是星级最高的，但能够在它的宴会厅用餐却意味着高档次、高规格。这里到底有什么特别之处呢？从在这里就过餐的客人口中，我们听到最多的评价就是："这里的服务非常讲究，来过以后让人难忘，太好了！"是什么让客人赞不绝口呢？那就是注重细节、注重个性化的服务。就拿宴会菜单的设计来说，在接受每一份宴会预订时，他们都会根据宴会的规模、规格、宴请主题以及客人的具体要求等有针对性地设计菜单。例如针对商务宴会，他们会设计一些像"步步登高""发财到手"等象征吉祥的菜；而如果是婚宴的话，他们就会设计如"花好月圆""龙凤呈

———————

① 资料来源：孔永生. 餐饮细节服务 [M]. 北京：中国旅游出版社，2012.

祥""百年好合"这样的菜；如果是宴请来访贵宾，则会在宴会厅菜单中专门设计一些最能代表本地特色，并蕴含丰富逸闻掌故的菜。此外，每种特色菜肴都有专门设计的配套解说词，在宴会开餐前的准备中，服务人员要牢记这些解说词。上菜时，服务人员要用这样的解说词介绍这些特别设计的菜肴，经过这样的介绍，客人们对这些菜肴能不留下深刻印象吗？

除了通过预订了解宴会相关信息并做好有针对性的准备以外，酒店还要求宴会服务人员在服务过程中随时留心客人的特点和要求。有一次，一批客人来店赴宴，预订时并没有详细说明宴请性质，酒店只知道是家宴。等客人到来后，服务员发现这次家宴的目的是为即将出国留学的孩子送行。因为菜肴已经提前准备好了，所以重新设计菜品已经不可能。然而，为了突出主题，宴会人员用心琢磨，在菜品名称上做足了文章。他们临时将"鸡仔茶树菇"改名为"把根留住"，寓意儿女无论身在何方，根永远在祖国，在父母身边，儿女是父母永远的牵挂；通过与厨房协商将另一道用海参制作的菜在装盘时摆成船形，命名为"一帆风顺"，祝愿孩子学业有成。上菜时他们特别介绍了这两个菜的含义，给客人带来了惊喜，赢得了客人的高度赞誉。

案例分析：宴会的菜单设计是宴会接待中非常重要的组成部分，在设计宴会菜单时，首先要把宴请的目的、范围、对象和规格等作为最基本的依据；其次要特别注意顾客的特殊要求，如客人的口味、饮食习惯和饮食禁忌等要求；此外，还要充分考虑搭配是否合理，如菜品酒水的搭配、冷热菜肴的搭配、荤素的搭配以及色、香、味、形的搭配和营养的搭配等。

为了体现服务的个性化，还应该力争让每次宴会都体现出自己的独到之处，所以在设计宴会菜单时，无论是原料、搭配还是菜品的命名都要体现独具匠心的特色。

本案例中的酒店，在设计宴会菜单时充分考虑了宴会的主题，使菜肴能够准确地表达宴会主题，同时也体现出酒店的文化特色，给客人留下深刻印象。

5.控制产品质量的工具

酒店应定期对宴会菜单上的每道菜品的销售状况、顾客喜爱程度、价格敏感程度等因素进行调查与量化分析，从而发现宴会菜肴的定价、烹制、质量等方面的问题，改进生产计划和烹饪技术，提出更好的促销方案和定价方法。

二、宴会菜单的分类

宴席菜单按其设计性质与应用特点，可分为固定式宴席菜单、专供性宴席菜单和点菜式宴席菜单；按照格式，可分为提纲式宴席菜单、表格式宴席菜单和框架式宴席菜单；按使用时间，可分为固定菜单、阶段性菜单、一次性菜单；按中西菜式，可分为中餐宴席菜单和西餐宴席菜单；

按宴饮形式，可分为正式宴席菜单、冷餐会菜单、鸡尾酒会菜单和便宴菜单。

（一）按设计性质与应用特点分类

1. 固定式宴会菜单

固定式宴会菜单是餐饮企业设计人员预先设计的列有不同价格档次和固定组合菜式的系列宴会菜单。这种类型的菜单，一是价格档次分明，由低到高，基本上涵盖了一个餐饮企业经营宴会的范围；二是所有档次宴会菜品组合都已基本确定；三是同一档次列有几份不同菜品组合的菜单，以供顾客挑选。例如：同一档次分为A单、B单，A单与B单上的菜品，其基本结构是相同的，只是在少数菜品上做了变化，都可以找到适合自己的菜单组合。固定式菜单除了根据档次作为划分的依据外，也可在宴会主题上有所不同，如有婚宴菜单（见表4-1）、寿宴菜单、商务宴菜单、合家欢乐宴菜单等。

表4-1　某酒楼"情比金坚"宴1680元/席菜单

套宴菜单A		套宴菜单B	
精美六围碟		精美六围碟	
桂花汁蜜藕	蟹柳黑木耳	桂花汁蜜藕	桂花汁山药
卤大刀牛腱	翡翠拌蜇头	老味卤牛肉	手撕咸桂鱼
生拌鲜茼蒿	荞面拌鸡丝	生拌鲜茼蒿	荞面拌鸡丝
主菜		主菜	
锦绣刺身拼	蒜蓉蒸扇贝	吉祥全家福	荆沙煨甲鱼
白灼基围虾	松鼠大桂鱼	白灼基围虾	金牌蒜香骨
菠萝烤红鸭	灵菇扣甲鱼	秘制吊烧鸡	灵菇扣甲鱼
湖锦辣得跳	金银会双圆	湖锦辣得跳	金银会双圆
紫豆玉米粒	剁椒黄骨鱼	紫豆玉米粒	清蒸多宝鱼
金汤煮肥牛	清炒时令蔬	金汤煮肥牛	清炒时令蔬
汤羹		汤羹	
虾燕土鸡汤	米酒元宵羹	虾燕土鸡汤	木瓜湘莲羹
食点		食点	
京广美点拼	农家手撕饼	京广美点拼	小葱生煎包
水果		水果	
精美时果拼		精美时果拼	

固定式宴会菜单主要是以宴会档次和宴饮主题作为划分依据，它根据市场行情，结合企业的经营特色，提前将宴会菜单设计出来，供顾客选用。由于固定性菜单在设计时针对的是目标顾客的一般性需要，因而对有特殊需要的顾客而言，其最大的不足是针对性不强。

2. 专供性宴会菜单

专供性宴会菜单是根据客人的要求和消费标准，结合酒店资源情况，专门为客人量身定做的菜单。这种类型的菜单设计，由于顾客的需求十分清楚，有明确的目标，有充裕的设计时间，因而针对性很强，特色展示很充分；其不足是不适应酒店正常宴会的经营节奏，付出的精力与成本较大。

3. 点菜式宴会菜单

点菜式宴会菜单是指顾客根据自己的饮食喜好，在酒店提供的点菜单或原料中自主选择菜品，组成一套宴会菜品的菜单。许多餐饮企业把宴会菜单的设计权利交给顾客，酒店提供通用的点菜菜单，任顾客在其中选择菜品，或在酒店提供的原料中由顾客自己确定烹调方法、菜肴味型并组合成宴会套餐。酒店设计人员或接待人员在一旁做情况说明，提供建议，协助其制定宴会菜单。从某种意义上来说，该类菜单更具有适合性。

（二）按使用时间长短分类

1. 固定性宴会菜单

固定性菜单是指能够长期使用，菜式品种相对固定的菜单。由于菜单品种固定，可以制定原料品种、规格、价格、数量等采购制度和食品加工、切配、烹制的生产标准及操作程序，实现程序化的生产和管理。其库存分类和盘点比较简单，易于控制原料，减少库存储量，具体表现在以下方面：

（1）有利于采购标准化，节约餐饮产品成本，减少浪费。

（2）有利于加工烹调标准化，有利于调配生产人员的工作量和提高劳动生产率。

（3）有利于产品质量标准化。

使用固定性宴会菜单的不足之处有：菜单不灵活，难以适应市场变化，缺乏菜肴创新，容易使顾客产生"厌倦"情绪；不能迅速跟进餐饮市场潮流和适应顾客就餐习惯的改变；由于固定菜品的生产操作多为重复性劳动，容易使生产人员对工作产生倦怠心理。

2. 阶段性宴会菜单

阶段性宴会菜单是指在规定时限内使用的宴会菜单，如能反映不同季节的时令菜的季节性菜单；餐饮企业举办美食活动推出的特色宴会菜单；在某一时段内针对特定的目标顾客设计的宴会菜单，如大学生毕业离校前、高考录取期间；餐饮企业推出毕业庆典宴会、谢师宴、金榜题名宴菜单等。这些都属于阶段性使用的菜单。阶段性宴会菜单的优点如下：

（1）菜单有变化，给顾客新鲜感，也使生产人员不易对工作产生单调感。

（2）有利于宴会销售，增加企业经济效益。

（3）能扩大企业影响，提升企业品牌形象。

（4）能有效实施生产和管理的标准化。

其不足之处在于：在餐饮生产、劳动力安排方面增加了难度；增加了库存原料的品种与数量；菜单编制和印刷费用较高；菜单策划、宣传及其他费用会增加。

3. 一次性宴会菜单

一次性宴会菜单又称临时性宴会菜单，是根据某一时期原料供应情况而制定的宴会菜单或专门为某一个特定宴会任务设计的菜单。一次性宴会菜单的优点如下：

（1）灵活性强，虽然只使用一次，但最能契合顾客的需求、口味和饮食习惯的变化，能依据季节和原料供应的变化及时变换菜单。

（2）能及时适应原料市场供应的变化，充分利用库存原料和剩余食品。

（3）可以充分发挥厨师的烹调潜力和创造性。

其不足之处在于：由于菜单变化较大，增加了原料采购、保管、生产和销售难度，难以做到标准化；扩大了经营成本，增加了管理上的困难，一般供应的品种较少。所以餐饮企业一般不把一次性宴会菜单作为长期的经营行为。

（三）按照格式分类

1. 提纲式菜单

提纲式菜单，又称简式菜单，这种宴会菜单根据规格和客人要求，按照上菜顺序依次列出各种菜肴的类别和名称，清晰醒目地分行整齐排列；所用的原材料以及其他说明则往往有一附表作为补充。这种菜单在宴会摆台时可以放置在台面上，既可让客人熟悉宴会菜肴，又能充当装饰品、纪念品。提纲式菜单是宴会菜单的主要表现形式，在餐饮企业中广泛使用。

2. 表格式菜单

表格式菜单，又称繁式菜单，它将宴会格局，菜品类别和上菜程序，菜品以及主辅料数量，刀工成型与主要烹调技法，菜的色泽、口味、质感，配套餐具，还有成本或售价等都列得清清楚楚。这种宴会菜单设计时虽然特别烦琐，但将宴会机构的三大部分剖析得清清楚楚，如同一张施工图纸。此类菜单比较详尽，厨师一看，便清楚如何选料、加工、切配、烹制、装盘、安排上菜顺序等，有利于确保品质；服务人员一看，便知晓宴会的进程，能够在许多环节上提前做好准备；客人看到这样的菜单也容易选定。该类菜单只适用于大型的风味宴会或特别有影响的宴会（见表4-2）。

表4-2 生产菜单

格　式	品　名	主料配料	跟　料	味　型	烹调方法	色　泽	造　型	上菜顺序
精美围碟	大丰收	时令蔬菜	甜面酱、色拉酱	清淡、爽口	生食（洗净）	五彩（自然）	规则摆放	3
	老味卤牛肉	牛肉	/	酱香	卤制	酱油色	柳叶片	1
	冰镇莲菱米	莲子、菱角	/	原味	生食（洗净）	自然	生态（自然造型）	5
	黑木耳拌扇贝	黑木耳、扇贝	/	咸鲜	拌制	自然	自然	2
大菜	锦绣刺身拼	刺身类	芥辣、豉油（楼面自备）	本味	生食（净肉切片）	自然	梯形片状	4
	蒜茸蒸鲜鲍仔	鲍鱼仔	/	清淡，鲜，蒜茸味浓	蒸制	金黄	整只	6
	砂锅鱼头	野生鱼头	/	咸香	砂窝密烹	酱红	块状	7

（续表）

格 式	品 名	主料配料	跟 料	味 型	烹调方法	色 泽	造 型	上菜顺序
大菜	鸿运乳猪全体	小乳猪、馒头片	乳猪酱	香脆、咸鲜	炭烤	金红	片皮切块拼整（还原）	8
	白灼基围虾	基围虾	椒丝、豉油	清淡，鲜	白灼	自然（熟透变红）		9
	金牌蒜香骨	直排	/	咸香	炸制	金黄	块状（长7厘米）	10
	泰式咖喱蟹	肉蟹、糕蟹	/	咸香	煮制	咖喱黄	块状拼整	11
	馋嘴蛙	牛蛙、木耳	/	咸鲜麻辣	煮制	金红	块状	12
	钵仔塘菜梗	塘菜	/	咸鲜	炒制	翠绿	片状	13
主食	粤点拼盘	木瓜酥、榴梿酥、叉烧酥、萝卜酥	/	鲜香	烤制	金黄	螺纹立体	14
	五谷杂粮	紫薯	白砂糖	原味	蒸制	食材本色	规则摆放	15

三、宴会菜单设计的要求

现代宴会菜单设计的指导思想是科学合理，整体协调，丰俭适度，确保盈利。

（一）宴会菜单设计的指导思想

1. 科学合理

科学合理是指在宴会菜单设计时，既要充分考虑顾客饮食习惯和品味习惯的合理性，又要考虑到宴会膳食组合的科学性。宴会膳食不是山珍海味、珍禽异兽、大鱼大肉的堆叠，不能以炫富摆阔、暴殄天物等畸形消费为目的，要突出宴会菜品组合的营养科学性与美味的统一性。

2. 整体协调

整体协调是指在宴会菜单设计时，既要考虑到菜品的相互联系与相互作用，又要考虑到菜品与整个菜单的相互联系与相互作用，强调整体协调的指导思想，防止顾此失彼或只见树木、不见森林等设计现象的发生。

3. 丰俭适度

丰俭适度是指在宴席菜单设计时，要正确引导宴会消费，倡导文明餐桌公约，节俭用餐，不浪费、不剩饭。菜品数量丰足或档次高，但不浪费；菜品数量偏少或档次低，但保证吃好吃饱。丰俭适度有助于建立良好的消费观念和消费行为。

4. 确保盈利

确保盈利是指餐饮企业要把自己的盈利目标自始至终贯穿到宴会菜单设计中去。要做到双赢，既要让顾客的需要从菜单中得到满足，利益得到保护，又要通过合理有效的手段使菜单为本企业带来应有的盈利。

（二）宴席菜单设计的原则

1. 按需配菜，参考制约因素

"需"指宾主的要求；"制约因素"指客观条件。忽视任何一方，都会影响宴饮效果。编制宴席菜单，一要考虑宾主的愿望。对于订席人提出的要求，只要是在条件允许的范围内，都应当尽量满足。二要考虑宴席类别和规模。类别不同，配置菜点也须变化。例如一般宴席可以上梨子，若是用在婚宴上，就大煞风景。桌次比较多的大型宴会，忌讳菜式的冗繁，更不可多配工艺造型的菜，只有选择易于成型、便于烹制的菜品，才能节省时间按时开席。三要考虑货源的供应情况，因料施艺。原料不齐的菜品尽量不配，积存的原料则优先选用。四要考虑设备条件，如宴会厅的大小要能承担接待的任务，设备设施要能胜任菜品的制作要求，炊饮器具要能满足开席的要求。五要考虑厨师的技术力量。设计者纸上谈兵，值厨者必定临场误事。

2. 随价配菜，讲究品种调配

"价"指宴席的售价；随价配菜即是按照"质价相称""优质优价"的原则，合理选配宴席菜点。一般来说，高档宴席，料贵质精；普通酒宴，料贱质粗。售价是排菜的依据，既要保证餐馆的合理收入，又不使顾客吃亏。调配品种有许多方法：①选用多种原料，适当增加素料的比例；②以名特菜品为主，乡土菜品为辅；③多用造价低廉又能烘托席面的菜品；④适当安排技法奇特或造型艳美的菜点；⑤巧用粗料，精细烹调；⑥合理安排边角余料，物尽其用，这既能节省成本，美化席面，又能给人以丰富之感。

3. 因人配菜，迎合宾主嗜好

"人"指就餐者；"因人配菜"就是根据宾主的国籍、民族、宗教、职业、年龄、体质以及个人嗜好和忌讳，灵活安排菜式。宴会菜单设计只有投客人所好，才能充分满足顾客的不同需求。编制宴会菜单时，如涉及外宾，一要了解国籍。国籍不同，口味嗜好会有差异。如日本人喜清淡、嗜生鲜、忌油腻、爱鲜甜；意大利人要求醇浓、香鲜、原汁、微辣、断生并硬韧。二要注意就餐者的民族和宗教信仰。例如，信奉伊斯兰教的禁血生、禁外荤；信奉喇嘛教的禁鱼虾，不吃糖醋菜。三要了解地域习俗。我国自古就有"南甜北咸、东淡西浓"的口味偏好。四是宾客的职业、体质不同，其饮食习惯也有差异。如体力劳动者爱肥浓，脑力劳动者喜清淡，老年人喜欢软糯，年轻人喜欢重辣，孕妇想吃酸菜，病人需要清淡等。五是当地的传统风味以及宾主指定的菜肴，更应注意编排，排菜的目标应该是让客人皆大欢喜。

4. 应时配菜，突出名特物产

"时"指季节、时令；"应时配菜"指设计宴会菜单要符合节令的要求。原料的选用、口味的调配、质地的确定、色泽的变化、冷热干稀的安排之类，都须视气候不同而有差异。首先，要注意选择应时当令的原料，原料都有成长期、成熟期和衰老期，只有成熟期上市的材料，方才滋味鲜美，质地适口，带有自然的鲜香，最宜烹饪。其次，要按照节令变化调配口味。"春多酸、夏多苦、秋多辣、冬多咸，调以滑甘。"夏秋偏重清淡，冬春趋向醇浓。第三，注意菜肴滋汁、色泽和质地的变化。夏秋气温高，应是汁稀、色淡、质脆的菜居多；春冬气温低，要以汁浓、色深、质烂的菜为主。

5. 酒为中心，席面贵在变化

现今我们是"无酒不成席"。宾主之间相互祝酒，更是民族的一种传统礼节。酒可以刺激食欲，助兴添欢。从宴席编排的程序来看，先上冷碟是劝酒，跟上热菜是佐酒，辅以甜食和蔬菜是解酒，配备汤品与茶果是醒酒。至于饭食和点心，它们的作用是"压酒"。宴席是菜品的艺术组合，向来强调"席贵多变"。要使席面丰富多彩、赏心悦目，在菜与菜的配合上就要注重冷热、荤素、咸甜、浓淡、酥软、干稀的调和。菜品间的配合，要重视原料的调配、刀口的错落、色泽的变换、技法的区别、味型的层次、质地的差异、餐具的组合和品种的衔接。其中，口味和质地最为重要，应在确保口味和质地的前提下，再考虑其他因素。

6. 营养平衡，强调经济实惠

饮食是人类赖以生存的重要物质。人们赴宴，除了获得口感上、精神上的享受之外，主要还是以补充营养，调节人体机能为主。宴席是一系列菜品的组合，完全有条件构成一组平衡的膳食。配置宴会菜肴，要多从整桌菜品的营养是否合理着手，而不能单纯累计所用的原料和营养素的含量，还要考虑这组食物是否有利于消化，是否便于吸收以及原料之间的互补效应和抑制作用如何。宴席中的膳食还要提供相应的矿物质、丰富的维生素和适量的植物纤维。选择菜品时提倡"两高三低"（高蛋白、高维生素、低热量、低脂肪、低盐），适当增加植物性原料，使之保持在1/3左右。此外，在保证宴会风味特色的前提下，还须控制用盐，以清淡为主，突出原料本味，以维护人体健康。

为了降低宴会成本，增强宴饮效果，设计宴会菜单时，不能崇尚奢华，也不能贪多求大，造成浪费。我们应该在原料采购、菜肴搭配、宴席制作、接待服务、营销管理等方面从节约的角度出发，力求以最小的成本获取最佳的效果。

（三）宴会菜单设计的要求

1. 准确把握客人的特点

设计者在设计宴会菜肴前，一定要准确把握客人的特征。出席宴会的客人各有不同，对于菜肴味道的选择也有一定的偏好，特别是招待外宾或其他民族和地区的客人时一定要注意，如回族信奉伊斯兰教，忌猪肉、驴肉、动物血和茴香等。另外，不同年龄人群对菜肴的要求也不同，如老年人偏爱宿烂、软嫩、清淡的菜肴，而年轻人偏爱香脆、浓郁的菜肴。只有了解客人的个性特点，搭配菜品时"投其所好，扬长避短"，才能使客人满意。制定菜单还必须根据客人的具体要求（设宴目的、饮宴要求、用餐环境）进行合理设计，只有这样，才能真正满足顾客的需求。

【知识链接】

一顿讨巧的宴席[1]

　　山东省济南市某酒店的总经理正在为将要接待的来自中国台湾的一个高级别老人团的宴会主题风味而犯愁。此团的老人大多是1949年中华人民共和国成立前，由宁波去的台湾，此次来济南前，该团在上海已活动三天。通过向上海的接待方进行了解，得知上海方面安排的餐饮主题基本为甬菜风格，于是精心做了准备。宴会如期进行，黄泥螺、臭冬瓜、蟹糊、鳗鲞等典型的宁波风味的菜肴一扫而光，台湾客人异口同声地说，这是他们到大陆以后吃得最香、最满意的一餐饭。

2. 合理把握宴会菜肴的数量

　　宴会菜肴的数量是指宴会的菜肴总数和每道菜肴的分量及其主辅料之间的比例。宴会菜肴的数量是宴会菜单设计的重中之重，数量合理则令人既满意又回味无穷。宴会菜肴的数量应直接与宴会档次和客人特点联系在一起。宴会档次高，菜肴数量相对多，每份分量相对要少。在总量上，宴会菜肴的数量应与参加宴会的人数相吻合，如10人桌宴席按个数的菜品"金牌蒜香骨"不能少于10根；在宾客个体数量上，应以每人平均吃500克左右净料为原则。

3. 明确宴会价格与菜肴质量的关系

　　任何宴会都有一定的价格标准，宴会价格标准的高低是设计宴会形式和菜肴的依据，宴会价格的高低与宴会菜肴的质量有着必然的联系。价格标准的高低只能在原料使用上有区别，宴会的整体效果不能受到影响，在规定的标准内，尽量把菜肴搭配得使宾主都满意。

4. 宴会菜单的营养搭配

　　宴会菜单的设计要从客人实际的营养需求出发。客人的营养需求因人而异，不同性别、年龄、职业、身体状况、消费水平的客人对营养的需要都有一定的差异，设计宴会菜单应严格把握各种原料搭配的合理性。宴会菜肴是以荤素菜肴为主，这就要适当地加入主食和点心，使营养成分得到更好的吸收。荤素搭配的比例应适中，以保证人体的酸碱平衡。

---

[1] 资料来源：李勇平. 餐饮服务与管理 [M]. 大连：东北财经大学出版社，2011.

【知识链接】

膳食的搭配以及原则和技巧[①]

一、膳食搭配的原则

（1）"食不厌杂"。意即食物要多样，目的是通过食物多样化的途径，实现营养全面性的目标。"杂"主要指的是食物的种类要多，跨度要大，属性远，一般人的膳食每日的食物种类应在30种以上。

（2）食物的搭配能起到营养互补的作用或弥补某些缺陷和损害。

（3）食物搭配一定要避免"相克的""不宜的"，即是安全无毒的。

（4）力求搭配的食物具有共同性，能增强营养保健作用。

（5）将现代营养学理论与中医养生理论相结合，指导食物的合理搭配和完成搭配的技巧。

二、主食搭配的技巧

（1）粗细搭配，粮豆混食。常见的如二米面发糕（标粉、玉米面各1/2）、绿豆小米粥、芝麻酱花卷、红薯粥。

（2）粮蔬、粮果搭配。最常见的是南瓜饭、胡萝卜饭，如果再配上些果类，如红枣、莲子、栗子或果仁，不仅会增加主食中的维生素、不饱和脂肪酸的含量，还会使主食别有风味。

（3）主食与麦的搭配。燕麦、荞麦、莜麦等中的蛋白质、脂肪、B族维生素、钙、锌等营养素含量均高于小麦粉，某些成分又有降脂等保健作用，如荞麦、玉米粥，大麦、高粱米粥，荞麦、标准粉的家常饼等。

（4）粮菜搭配。米饭配以素菜好，如油菜饭。

（5）米面混吃。日常膳食采用米、面混吃的方法是比较科学的。

（6）宴席上的主食搭配。传统宴席的组成缺陷是主食的比例太小，不能体现主食在膳食中的地位。要改革传统宴席热比关系的不合理性，做到主食的多样性，花样多、品种齐，营养互补，美味可口。如可增加以下品种：包子、饺子、馅饼、春饼、春卷等。主副食搭配的风味小吃均属粮菜搭配、主副搭配、菜豆搭配的主食品种。

三、副食搭配的技巧

（1）荤素搭配。荤素搭配不只是口味的互补，在荤素结构上的互补性则具有更重要的意义，如青菜炒肉丝、鲜笋冬瓜球、土豆炖鸡块等。荤素搭配是重要原则，也是搭配

[①] 资料来源：http://www.meishij.net/changshi/shanshidedapeiyuanzeyijijiqiao.html。

的关键。

（2）蔬菜的搭配。如烧三菇、炒合菜、蘑菇烧腐竹等。

（3）质地搭配。主料和配料的质地有软、脆、韧配韧，如蒜苗炒鱿鱼；嫩配嫩，如菜心炒鸡片。

（4）色泽搭配。主料与配料的色泽搭配主要有顺色搭配和异色搭配两种。顺色搭配多采用白色，如醋溜三白、茭白炒肉片等；异色搭配差异大，如木耳炒肉片。色泽协调容易引发人的食欲；反之，如搭配不协调，反而会影响人的胃口。

5. 宴会菜单的品种比例要合理

宴会菜单比例是指组成一套宴会的各类菜肴和菜肴形式搭配要合理。如中餐宴会通常是冷荤菜、热炒菜、大菜、素菜、甜菜（包括甜汤）和点心六大品种，餐后还搭配有水果、冷饮，这样搭配才能使宴会菜单具有丰富多彩的效果。

6. 注重菜肴的色彩搭配

宴会菜单色彩运用的好坏是衡量菜肴好坏的首要标准。一道菜肴最早让客人接受的信息便是它的颜色。菜肴色彩设计就是怎样合理巧妙地利用原料和调理的颜色，外加点缀物、盛装器皿的颜色，使菜肴的整体色泽赏心悦目、层次分明、不落俗套。宴会菜肴色彩安排协调，不仅能够使客人增加食欲，而且能够给人以美的艺术享受。

7. 突出特色，力求创新

宴会菜单的制定，离不开本地、本店的特色，与众不同的地方风味和本店菜肴，具有带来回头客的重要意义。宴会菜肴应尽量利用当地的名特原料，充分显示当地的饮食习惯和风土人情，施展本地、本店的技术专长，运用独创技法，力求新颖别致，显现风格，创出自己的特色。要充分发挥本店厨房设备及厨师的技术力量，制定具有独特个性的品牌菜肴和创新菜肴。

四、宴会菜单设计程序

宴会菜肴的设计是一项融艺术性、技术性、创造性为一体的难度相当大的工作。宴会菜肴设计成功与否，直接影响着宴会厅的经营效果，因此，宴会菜单设计人员、宴会厨师长以及厨师应共同做好宴会菜单设计工作。宴会菜单设计工作与其他工作相同，有着严格的工作程序。宴会菜单设计程序是指宴会菜单设计人员接到宴会预订单或宴会厅特色确定后，在充分了解客人情况并加以分析的基础上，再结合本宴会具体情况设计出适合客人需求的宴会菜单过程。

（一）确定宴会的主题

宴会主题不同，其设计要求和菜单内容均不一样。如婚宴要求用红枣、莲子、百合制作菜肴，寓意"早生贵子""百年好合"等主题；家宴、生日宴要求气氛热烈，菜名讲究吉利、祝福、祝愿等方面的内容，菜肴量多、味好、适口、实惠；寿宴要烘托气氛，常安排"寿桃武昌鱼""松鹤延年汤""长寿面"等菜点；商务宴讲究排场，菜名要体现吉祥如意、心想事成、恭喜发财，故而设计"黄金大饼""鱼丸滚发菜"之类的菜肴，因商务谈判要喝酒，还要多配佐酒的菜；团队会议一般档次不太高，要喝酒，配菜要实惠，多些下酒菜；旅游餐标准比较低，不喝酒，菜品要实惠，分量要足，多配点烧菜与地方风味特色菜。

（二）确定菜单的规格

宴会规格的高低取决于两个方面：一是宴会价格标准的高低，价格越高则规格高；二是宴会的类别和特点，如国宴、商务宴、招待会等规格相对较高，家宴、便宴等规格相对较低。宴席的档次不同，各类菜点的比例也不同。各类规格的宴席，其菜点的比例如下：

一般宴会：冷菜约占 10%，热炒约占 50%，大菜约占 30%，点心水果约占 10%。

中等宴会：冷菜约占 12%，热炒约占 48%，大菜约占 30%，点心水果约占 10%。

高级宴会：冷菜约占 15%，热炒约占 25%，大菜约占 45%，点心水果约占 15%。

特级宴会：冷菜约占 15%，热炒约占 20%，大菜约占 50%，点心水果约占 15%。

（三）确定菜品的用料

宴席档次和规格是选择菜品原料的主要依据。一般宴会选料多为猪肉、牛肉及普通的河鲜、四季时蔬和粮豆制品等，常用低档山珍或海味充当主菜；中档宴席多用鸡、鸭、猪、牛、羊、河鲜、淡奶、时令蔬菜、水果和精细的粮豆制品作为原料，并常有 2—3 道山珍海味；高档宴席要用名贵的动植物原料和一些地方特产作为原料，通常要有 5—8 道山珍海味，可集中川菜的所有精华，并配上知名度较高的特色菜。选择菜的原料要充分考虑各民族的风俗习惯。

（四）确定菜品的风味和名称

菜品的名称多采用寓意命名，菜品的风味设计应该注意以下几点：

（1）宴会菜品味型的基本要求是：在一般宴席菜品中，菜品味型不能重复，但是允许冷菜中某一菜品的味型和热菜中某一菜品的味型重复，以确保整个宴会菜品味型的多样性。

（2）菜品的味型设计应该体现出季节性、区域性。如春季多酸，夏季多苦，秋季多辛，冬季多咸，以及南甜、北咸、东辣、西酸等。

（3）根据宾客的具体要求设计菜品味型，如果宾客有特色味型需要的，可进行特色设计。

（五）确定菜品的价格

在制定宴会菜单前，首先要对各种原料的市场价格、各种原料的成本毛利售价的核算熟记于心，既保证客人的利益，又保证酒店的盈利。

（六）确定宴会出菜的顺序

一般宴会出品的编排顺序是先冷后热，先炒后烧，先咸后甜，先小后大，先饭菜后汤菜，最后点心水果。传统的宴席上菜顺序的头道菜是最名贵的菜，主菜上完后依次是炒菜、大菜、饭菜、甜菜、汤、点心、水果。现代宴席上菜顺序的编排略有不同，一般是冷盘、热炒、大菜、汤菜、炒饭、面点、水果，小吃则是穿插在菜肴中间，上汤表示菜齐。宴会菜单的设计应该根据宴会类型、特点，因人、因事、因时而定。

以上各步骤都完成后，即可着手编制宴席菜单。

【知识链接】

人民大会堂十周年国庆国宴菜单[①]

冷菜：麻辣牛肉、桂花鸭子、叉烧肉、熏肉、童子鸡、松花蛋、糖醋海蜇、酱黄瓜、姜汁扁豆、鸡友冬笋、珊瑚白菜。

热菜：元宝鸭子、鸡块鱼肚。

点心：裱花大蛋糕。

水果：时鲜水果。

从宴席的格局来看，完全按照普通宴席四段式结构设计；从内容上看，安排 11 道冷菜、2 道热菜、1 道点心、1 道水果，看似冷热菜比例失衡，但这种设计是符合当时的客观条件和实际情况的。因为宴席规模为 5000 人，若按照 10 人一桌计，就是 500 桌。如果以热菜为主，每一道菜的总量大约是 400 千克，而且是要求现炒上席，要做到质量统一，每桌同时上菜而又不出现任何差错不太可能。尤其是当时人民大会堂餐厨部炉灶不够用，须从北京饭店将菜肴烹调成熟后运到人民大会堂宴会厅，因此客观上也不允许安排太多的热菜。而选用大量冷菜就可以最大限度避免这样的麻烦，可以将冷菜烹调出来，甚至在客人入座以前就上席，主食选用蛋糕也是这个道理。

从 11 道冷碟来看，七荤四素，比例合理；麻辣、酸甜、鲜香、咸酸、咸鲜等调味手段多样；红、白、黄、深褐、琥珀、绿等各种颜色杂陈；片、丝、条、块、花等多种刀工形状变化；从原料使用来看，营养搭配科学合理。

仅有的 2 道热菜——元宝鸭子和鸡块鱼肚，也是许多专家和领导经过深思熟虑、认真推敲而确定下来的。设计 500 桌宴席的热菜，首先要考虑的问题就是上菜的节奏和上菜速度。从烹饪工艺的角度出发，常见的爆、炒、熘、炸、煎、焖等烹调手法皆不适应对上菜速度的要求和上菜节奏的控制。"元宝鸭子"系碗扣菜，它可以提前大批量同时烹制，成熟后保温等候上席，上菜速度快，成型好，解决了因现烹现炒而带来的一系列麻烦。"鸡块鱼肚"虽是一道烩菜，相对于"元宝鸭子"来说，烹调质量控制要难一些，但这道菜也可以提前一二十分钟烹调出来保温等候上席，并且基本不影响风味，而且烩菜不存在菜型问题，因此上菜速度相当快。

主菜以鸡、鸭、鱼肚为主要原料，是考虑到许多宗教人士和少数民族代表禁忌猪肉

---

① 资料来源：周静波 . 餐饮服务实务 [M]. 上海 . 上海交通大学出版社，2011.

的缘故。鱼肚质地软嫩鲜滑，是一种名贵的原料，也适宜老年人食用，而这三种原料又能为大多数人所接受。

人民大会堂国庆十周年国宴是我国现代举办特大型宴会的典范，上述菜单紧紧围绕宴席规模大、烹调难度高、进餐对象复杂的特点而设计。

◆── 任务二　宴会菜单制作方法 ──◆

一、菜单材料

（一）宴席即席单

首先要考虑的是使用一次性的宴会菜单，还是打算长久使用宴会销售菜单。宴席菜单一般选择纸质材料。如是逐日、逐席更换的一般宴会，可选一般纸质；高档宴会要用高级的薄型纸、花纹纸。酒店可专门制作一批折叠型菜单卡，有菜单封皮。在菜单卡封皮正面印上店名、店徽或酒店建筑外貌，内为空白，如遇有重大宴会或应顾客需求，将菜谱书写或者印刷在上面，也有另外用纸张印刷，然后粘贴在菜单卡内面。

（二）宴会销售菜单

长久使用的宴会销售菜单，选纸讲究，印刷精美，成本较高，多用于婚宴等喜庆宴会中。此类菜单多采用重磅涂膜纸、防水纸或过塑重磅纸，纸张质地好，拿在手里阅读时"手感"舒适，经久耐用。菜单纸张的费用不得超出整个菜单设计印刷费用的1/3。

二、图文编排

（一）排列顺序

销售菜单的菜品按照冷菜、热菜、汤、点心等大类名称排列，不要按照价格高低排列，否则客人会依据价格来点菜，这对宴会推销是不利的。应把宴会厅重点推销的菜品放在菜单的首、尾部分，这样容易引起客人的注意，提高点击率。作为主菜，应排在最醒目的位置，用粗大的字体和最详尽的文字介绍，主菜类中每种菜肴的排列也有先后顺序问题。特色菜肴用区别于一般菜品的粗大黑体字排印，要有更详尽的促销文字介绍，或用更丰富的色彩点缀和以彩色实例照片来衬托。一般来说，特色菜数量占菜单上菜肴总数的20%—25%。

（二）排版格式

菜单篇幅应留有50%左右的空白，空白过少、字数过多会使菜单显得拥挤，让人眼花缭乱，读起来费神；空白过多则给人以菜品不够、选择余地太少的感觉。

字体要与餐厅风格协调。隶书、草书以艺术性见长，实用性不大，应谨慎使用；楷书工整端庄，行书行云流水，均可选用。同一张宴会菜单可用两种或三种不同的字体，分别用于标题、分类提示、正文菜单。各类菜的标题字体应与其他字体有区别，既要美观大方又要突出特色。字体大小和行距要适当，以便于客人阅读，使客人在餐厅的光线下容易看清。

涉外酒店的销售菜单，要同时书写（或印刷）中英文两种文字，并注意两种字体的协调性。通常以阿拉伯数字排列编号和标明价格。非特殊要求，要避免多用外文来表示菜品。所用外文都要根据标准词典的拼写法统一规范，符合文法，防止出差错。

三、外观装帧

（一）菜单封面

宴会菜单封面是酒店与宴会厅的形象体现，应突出艺术、美观、新奇，具有吸引力和信息性。封面内容应有酒店和宴会厅的名称和标志，形式要与整体装饰及情调和谐，封面颜色与酒店主体色彩吻合。可套印一色封面，也可套印两色、三色或四色；既可采用古典的版画、木刻画、工笔画，也可采用当地风光照、菜肴静物照，还可采用体现时代色彩的抽象艺术或流行的通俗艺术画。制作封面的材料可以选用经久耐用又不易沾油污的重磅纸，还可选用高级塑料和优质皮革做封面。

菜单封底应清楚地注明营业时间、电话号码、地址与宴会厅的有关信息等。

（二）菜单规格

单页菜单尺寸以 30 厘米×40 厘米为宜；对折式的双页菜单合上时的尺寸为 25 厘米×35 厘米；三折式的菜单合上时为 20 厘米×35 厘米。菜单可用不同方法折叠成不同的形状，如切割成长方形、正方形，也可冲压成各种图形和一些不规则的形状。另外，菜单不一定都采用平面设计，也可以制成立体或金字塔式的结构。菜单开本力求使客人拿起来方便：太大拿起来不舒适；太小会使篇幅不够或使菜单显得拥挤。菜单样式和尺寸大小应根据餐饮内容、宴会厅规模以及陈列方式而定。

（三）菜单色彩

菜单颜色具有装饰作用，可以使菜单更具有吸引力，更令人产生兴趣，既能够起到推销菜品的作用，还能够显示宴会厅的风格和气氛。菜单色彩有纯白、柔和、素淡、浓烈重彩之分，可用一种色彩加黑色，也可用多种色彩，具体视成本与预期效果而定。最好选用一面为彩色，另一面为白色的色纸，这样封二、封三、封四就能印刷广告或促销性信息或插图；如果菜单只使用两色，最好是将类别标题，如蔬菜类、肉类、海鲜类等字印成彩色，具体菜肴名称用黑色印刷。注意，只能让少量文字印成彩色，如大量文字印成彩色，读起来费眼神、费精力。颜色种类越多，印制成本就越高。制作菜肴彩照插图需要四色印刷。色纸的底色不宜太深。菜单折页、类别标题、食品实例照片宜选用鲜艳色调，采用柔和清单色彩，如淡棕色、浅黄色、象牙色、灰色或蓝色＋黑色＋金色，这样会使菜单显得典雅。

◆—— 任务三 宴会菜单设计赏析 ——◆

一、中式寿宴菜单赏析

  冷菜：①主盘：松鹤延年；②围碟：五子献寿（五种果仁镶盘）、四海同庆（四种海鲜镶盘）、玉侣仙班（芋芳鲜蘑）、三星猴头（凉拌猴头菇）。

  热菜：儿孙满堂（鸽蛋扒鹿角菜）、天伦之乐（鸡腰烧鹌鹑）、长生不老（海参靠烹雪里蕻）、洪福齐天（蟹黄油烧豆腐）、罗汉大会（素全家福）、五世祺昌（清蒸鲴鱼）、彭祖献寿（茯苓野鸡羹）、返老还童（金龟烧童子鸡）。

  汤菜：甘泉玉液（人参乳鸽炖盆）。

  寿点：佛手摩顶（佛手香酥）、福寿绵长（伊府龙须面）。

  寿果：河南仙柿果、上海北茫蟠桃。

  寿烟：吉林人参烟。

  寿茶：湖南老君眉菜、湖北仙人掌菜。

  寿酒：山东至宝三鞭酒。

  这是一份典型的贺寿宴菜单，是庆贺宴的代表。整个宴会菜单围绕一个"寿"字做文章，宴会设计以"寿星"为中心进行，菜谱安排也考虑到寿星的爱好和需要，突出表现了敬老爱幼、家庭和睦、享受天伦之乐的宴饮主题。

  从菜肴结构和数量方面来看，设计者充分考虑到老人饮食应该少而精的特点，整个菜品数量较之婚宴、生日宴等要少。一般一彩碟应配八冷碟，这里却只安排四冷碟（老人不宜多食冷食）；热菜也只有八道，比一般宴会要少；汤只有一道，考虑到多数老人不喜欢甜食，所以省了甜汤。老人大多喜欢品茶，所以筵席上特地安排了宴前、宴后两道茶，而且品种各异，供老人品鉴。

  在菜品选择方面，品种符合老年人的饮食需要。一般来说，老年人喜欢软烂、清淡、素雅、滋补的菜品。整个菜肴品味都比较清淡，没有大甜、酸、重麻、重辣的菜肴，适合老年人的口味。从菜肴质地来看，大多是烧、烩、蒸、熬、扒、烤等烹调方法制作的菜肴，质地软嫩、酥烂，受到大多数老人的欢迎。菜肴在选料上也充分考虑到了滋补功用，如芋芳、猴头菇、鸽蛋、鸡腰、鹌鹑、海参、茯苓、野鸡、金龟、人参、乳鸽等原料，针对老年人中气虚弱、体倦乏力能起到滋肾益气、清利湿热、益阴补血等疗效。

  菜单的另一个特点，就是菜肴名称吉祥、文雅而又贴近主题。主盘"松鹤延年"，一下子点出宴席主题——庆贺延年益寿。紧随其后，"五子献寿""玉侣仙班""长生不老""彭祖献寿""返老还童""福寿绵长"等菜均围绕"贺寿"而铺开。"四海同庆""子孙满堂""天伦之乐""洪福齐天""五世祺昌""罗汉大会"等，则表现了家庭和睦、享受天伦之乐的美好生活。我们从菜单的命名可以看出，菜单设计者具有较高的文化素养和丰富的文史知识。

二、中式家宴菜单赏析

家宴，通俗地说，是指在家中操办的便餐宴。作为家宴，它强调要在家中举行，家人团聚，亲朋畅饮，温馨和谐，轻松自如；它要求操办的工序要简短，菜品的结构灵活，宴饮的气氛轻松活泼，酒菜的规格要合理。设计制作家常便宴，一要兼顾使用各类原料，力求膳食平衡；二要迎合家人及亲友的特色要求，协调饭菜的口味和质感；三要考虑自身的经济条件，量入为出，定好酒菜的价格；四要符合节令的要求，使菜品的色、质、味、形及冷、热、干、稀应时而变；五要合理安排操作程序，使得饭菜的制作既省心又省时；六要尽可能地发挥自身的技术专长，扬长避短，确保每道菜肴万无一失。请看这样一份家宴菜单：凉拌毛豆、糖醋藕带、虾皮蒸蛋、回锅牛肉、酸辣鱿鱼、红烧鱼乔、鱼头豆腐汤、米饭。

从宴席的结构上看，作为便餐席，这套菜品没有固定模式，不讲究上菜顺序，各式菜肴可同时上桌，简便大方。

从原料结构上看，这桌小宴席合理使用了江鲜、海鲜、禽肉、蛋类、蔬菜及主食，特别是鱼鲜和蔬菜，既凸显了地方特产，又兼顾了节令。

从制作方法上看，它集蒸、拌、煮、炒、爆等技法于一体，因料而异；所有的烹饪手法皆简单实用，无一耗时过长，适合于家居选用。

从菜肴的感官评价上看，这桌便宴的7道菜肴兼顾了色、质、味、形的合理搭配。如菜肴的口味，有咸鲜味、香辣味、糖醋味、鱼香味、酸辣味5种；菜品的质地、色泽、外形等更是一菜一格，各不相同。

从营养搭配的角度看，其最大特色就是高蛋白、低脂肪的食品居于主导地位，素料、主食也占有一定比例。它注意了广泛取料、荤素结合及蛋白质互补，克服了传统家宴的那种"四高模式"（高蛋白、高脂肪、高糖、高盐），这种组配方式完全可构成一组平衡膳食。

著名的宴席专家陈光新教授说过，宴席的发展趋势是小、精、全、特、雅。操办这样一桌小而精的家宴，可以视作一种尝试。

三、婚宴菜单赏析

婚宴是指为了庆祝结婚而举办的宴会，俗称"喜酒"。婚宴菜单在设计的过程中应遵照宴席配菜的原则，以宴席主题为依据，灵活搭配，突出喜庆气氛。菜肴原料应该有红枣、莲子、百合，寓意"早生贵子""百年好合"；菜名可用"知音丝萝""鸳鸯鲑鱼"等。例如以下这份"百年佳偶宴"菜单：

百年佳偶宴

喜庆满堂（迎宾八彩碟）	红运当头（大红乳猪拼盘）
浓情蜜意（鱼香焗龙虾）	金枝玉叶（彩椒炒花枝仁）
大展宏图（雪蛤烩鱼翅）	金玉满船（蚝皇扒鲍贝）
年年有余（豉油胆蒸老虎斑）	喜气洋洋（大漠风沙鸡）
花好月圆（花菇扒时蔬）	幸福美满（粤式香炒饭）
永结连理（美点双辉）	百年好合（莲子百合红豆沙）
万紫千红（时令生果盘）	早生贵子（枣圆仁子羹）
如意吉祥（芦蒿香干）	良辰美景（上汤时蔬）

原则一：菜肴的数目应为双数。

我们国家大部分地区均有一不成文的传统：红白喜事中的红喜事（也就是我们所说的婚宴）菜肴的数目为双数；白喜事（丧宴）菜肴的数目为单数。婚宴菜肴数目通常以 8 个菜象征发财，以 10 个菜象征十全十美，以 12 个菜象征月月幸福。如江南地区流行的"八八大发席"，全席由 8 道冷菜、8 道热菜组成。而且举办婚礼的日子也通常多选于农历双月的初八、十八、二十八，暗扣"要得发，不离八，八上加八，发了又发"的吉祥寓意。

原则二：婚宴菜单在设计的过程中应遵照因人配菜的原则。

我们国家是一个多民族的国家，每个民族均有自己独特的风俗习惯和饮食禁忌，在设计婚宴菜单的时候应先了解宾客的民族、宗教、职业、嗜好和忌讳，从而灵活搭配出宾客满意的菜单。如传统的清真婚宴八大碗、十大碗中的菜品通常以牛、羊肉为主，讲究一点的配上土鸡、土鸭、鱼等菜肴，有着丰富的民族特色。

原则三：婚宴菜品原料的选择一定要根据习俗，注意禁忌。

婚宴的菜式一般不受帮口流派的限制，原料不要求十分名贵，但要分量稍多，口感适合，尽量与酒水相配。千万不能出现宾客没有吃饱或者觉得无东西可吃的情况。传统婚宴菜品中的原料必须有鸡，象征吉祥喜庆；必须有鱼，象征年年有余，而且一般作为压尾的荤菜来上席；一般要有大枣、花生、桂圆、莲子，取其谐音，祝福新人早生贵子。婚宴中的大部分菜肴以红色调为主，给宾客带来喜庆的感觉，一般有酱红、棕红、橘红、胭脂红等。四川地区传统的婚宴中应出现红烧肉和甜菜（如甜烧白）菜品；东北地区的婚宴一般都要上"四喜丸子"象征喜庆；而在香港地区，婚宴菜品千万不能出现豆腐、荷叶饭一类的菜肴饭点。婚宴中的水果一般选用石榴（因其籽较多，有多子之意）、西瓜、杨梅、蜜桃（取意今后生活甜蜜美满）；忌讳上梨和橘子，因为"梨"与分离的"离"同音，橘子要一瓣一瓣地分开来吃。

【知识链接】

武汉某酒楼"永结同心　百年好合宴"

精美八围碟		蒜茸蒸扇贝	清蒸石斑鱼
桂花汁蜜藕	功夫耳片卷	雀巢炒凤丁	双味炒虾仁
温拌海螺片	手撕咸桂鱼	辣味炒芥蓝	白灼时令蔬
沾水汁驴腩	豆豉笋干菜	汤羹	
生拌鲜茼蒿	荞面拌鸡丝	雪蛤老鸽汤	时果西米露
主菜		食点	
京葱烧辽参	滋补三鲜锅	港式粤点拼	小葱生煎包
深井烧鹅皇	土鸡煨甲鱼	水果	
石板牛肉粒	黄金深海鱼	精美大果拼	

"永结同心　百年好合宴"菜式组合为8道冷菜、12道热菜、2道汤、2道主食、1道水果，菜系以本地菜为主，占60%；粤菜占25%；川菜占5%；湘菜占5%；京菜占5%。婚宴菜单除了荤素搭配得当以外，丰富的原料也是非常重要的。婚宴菜品的原料一般都有鸡、鱼，象征吉祥喜庆、年年有余，而且一般都作为压轴菜上席。

四、湖北鱼鲜宴菜单赏析

冷盘：骏马奔腾、六味围碟。

头菜：鸽蛋裙边。

热菜：蟹黄鱼蛋、木瓜鱼线、双味鮰鱼、三色鱼球、拖网鱼方、珊瑚鳜鱼、清蒸樊鳊、财鱼焖藕、荆沙乌龟、鱼丝泥蒿。

座汤：清汤游龙。

主食：老通城豆皮、四季美汤包。

果拼：硕果累累。

该宴席以湖北淡水鱼鲜菜品为主菜，按招待的相应规格设计并制作，展现了"鱼米之乡"的饮食风情。

湖北省地处华夏之腹心，长江、汉水贯穿其境，千余湖泊星罗棋布，淡水资源异常发达。用湖北的"鱼鲜宴"可凸显湖北菜"水产为本，鱼菜为主"之特色，表达主人待客的真情实意。

设计与制作本宴席，有如下特色：

从宴席结构上看，它体现了华中地区的上菜格局：冷菜（酒水）、热菜（头菜＋热荤＋汤菜）、点心（或主食）、水果。

从原料构成上看，它使用了多种著名的特色鱼鲜，如鄂州的武昌鱼、荆沙的断板龟、荆南的甲鱼（裙边）、石首的鮰鱼。此外，鳜鱼、财鱼、白鱼、青鱼等也颇耐品尝。

从宴席花色品种上看，本宴席中的菜品多达 22 道，讲究菜品之间的色、质、味、形、器的巧妙搭配，注重菜品本身的纯真自然，力求味醇而不杂，汤清而不寡，并尽可能地展现当地的特色名菜。

从营养搭配的角度上看，本宴席的最大特色是高蛋白、低脂肪，它完全符合现今的饮食潮流。虽然宴席的主体为鱼鲜菜品，但冷碟、主食、果拼、酒水、饮料等也占有相当的比例，况且每道鱼鲜菜品的配料都可以安排适宜的素料，这种合理的搭配，可形成一组平衡膳食。

从文化内涵方面看，本宴席之"鱼鲜"，可理解为生活在水中的淡水鱼及其他水产品，如两栖爬行动物类的甲鱼、乌龟，节肢动物类的虾、蟹等；"鱼鲜宴"属于"主料全席"的一种，按中国宴席专家陈光新的理论，该席所有主菜的主料都应同属一类，即同为淡水鱼鲜；该席具备"全""品""趣"三大特色。所谓"全"，就应做到名品荟萃，形成系列；所谓"品"，指规格档次较高，符合审美情趣；所谓"趣"，指美食应与美境统一，使客人既有物质享受，又能娱乐身心。

◆—— **课后习题** ——◆

一、思考题

1. 简述宴会菜单的作用。
2. 宴会菜单的设计包括哪些内容？
3. 如何编制宴会菜单？
4. 婚宴的特点是什么？如何设计婚宴？

二、案例分析题

欢迎美国总统奥巴马宴会菜单[①]

2009 年 11 月 17 日晚，中华人民共和国举行盛大宴会欢迎来华访问的时任美国总统奥巴马。宴会菜单中西合璧，正餐是一道冷盘、一份汤和三道热菜：翠汁鸡豆花汤、中牛排、清炒茭白芦笋、烤红星石斑鱼；餐后甜品为一道点心和一道水果冰激凌。宴会上配餐的红葡萄酒和白葡萄酒分别是中国河北 2002 年出产的长城干红和长城干白。就餐方式采用"每人每份"的分食制。

———————

① 资料来源：叶伯平 . 宴会设计与管理 [M]. 北京：清华大学出版社，2013.

思考：

通过这份国宴菜单讨论菜单设计应遵循的原则和操作流程。

三、情境实训

1. 收集不同规格、不同类型与不同档次的菜单，分析对比它们的长处和短处。

目的：通过对比分析使学生了解菜单的构成及特点。

要求：分组进行，提交报告。

2. 请按照下列要求设计一份提纲式宴席菜单，列出宴席原料，并对菜单进行主题、营养等设计分析。

目的：学生根据实例充分理解认识主题菜单制作方法及其在实际中的运用。

要求：①宴会主题：寿宴；

②承办宴席季节：冬季或者春季；

③特色风味：设计所在的家乡风味；

④宴席成本：整桌菜品成本控制在 600 元左右；

⑤订席要求：简单、实惠，安排 20 道菜品。

【项目导读】

本项目有四个任务：任务一是中餐宴会服务设计，任务二是西餐宴会服务设计，这两个任务分别阐述中、西餐宴会接待准备工作、迎宾工作、就餐服务和宴会收尾工作；任务三是主题宴会服务的活动设计，主要介绍了宴会策划书的编制和宴会策划的案例赏析；任务四是宴会酒水服务设计，介绍了中西式宴会常用酒水的基础知识、保管知识、储藏知识及红葡萄酒、白葡萄酒、香槟酒、啤酒等宴会常用酒水的服务程序和服务规范。

【学习目标】

1. 知识目标：了解和熟悉宴会常用酒水的基础知识；掌握中式宴会服务的程序和服务规范；掌握西式宴会服务的程序和服务规范；掌握中、西宴会常用酒水的服务程序和规范。

2. 能力目标：通过系统的理论知识学习，能进行中、西式宴会菜肴、酒水服务设计。

3. 素质目标：培养学生根据宾客要求进行宴会服务设计的动手能力和创新能力。

宴会服务设计是成功举办宴会的重要影响因素之一，宴会服务设计不仅要满足宾客服务需要，还应切合宴会主题，最好有创新、有特色，这样才能给宾客留下深刻的印象和难忘的回忆。

◆── 任务一　中餐宴会服务设计 ──◆

一、宴会前的准备工作

（一）掌握情况

组织召开班前例会，检查员工仪容仪表，向员工传达宴会基本信息，实现员工"八知、三了解"。

1. 对宴会应做到"八知"

（1）知台数。知道宴会的预订桌数、有无主桌、台数的备份情况等。

（2）知人数。知道参加宴会的总人数及来宾人数、主办单位人数、工作人员人数等。

（3）知宴会标准。知道宴会所订标准、档次。

（4）知开餐时间。知道宴会所订的开餐时间。

（5）知菜式品种。知道宴会的菜单安排及菜品简单制作方法、口味以及上菜顺序。

（6）知主办单位。知道宴会的主办单位以及宴会主题、目的。

（7）知邀请对象。知道宴请的主宾姓名或宴请的单位名称。

（8）知结账方式。知道宴请安排单位的负责人是谁，签字有效人是谁，最终结账方式是现金、支票，还是刷卡或其他方式。

2. 对宴会做到"三了解"

（1）了解宾客风俗习惯。弄清宴会客人的人数及有无少数民族，并对这些民族的风俗习惯要准确了解。

（2）了解生活忌讳。除了风俗习惯中客人的忌讳外，其他的生活忌讳也要清楚、明白，根据客人的要求提供服务。

（3）了解客人的特殊要求，客人的特殊需要应尽量给予满足。

（二）明确分工

为保证服务质量，使宴会服务工作进行得有条不紊，规模较大的宴会要确定总指挥人员，一般为宴会厅主管。宴会总指挥在准备阶段要向服务员交任务、提要求，宣布人员分工和服务注意事项。

（1）在人员分工方面，要根据宴会要求，对迎宾、值台、传菜、斟酒、主宾专人专用服务员、取挂衣帽等岗位，要有明确的服务分工和具体的服务任务，将责任落实到人，要求服务员在思想上重视。

（2）收尾工作的分工应在宴会前将责任落实到人，清洗小件餐具、备餐具、撤台收餐具、恢复台形等重要环节应有人负责带领，要求服务员既要保质保量，又要保证速度。

（三）场地布置

布置宴会厅时，要根据宴会的性质、档次、人数及宾客其他要求来调整设计宴会厅的整体布局和台形。大型宴会要定好主桌（区），做到主桌突出、排列整齐、间距合理。整体布置既要突出宴会主题，又要方便宾客就餐，便于服务员席间操作。

（四）熟悉菜单

服务员应熟悉宴会菜单的上菜顺序和主要菜点的风味特色，做好上菜、派菜及应对宾客对菜点提出询问的思想准备。对于菜单应做到能准确说出每道菜的名称，能准确描述每道菜的风味特色，能准确讲出每道菜肴的配菜和配食佐料，能准确知道每道菜肴的制作方法，能准确服务每道菜肴。

（五）物品准备

（1）根据菜单备齐各类餐具、酒具及其他用具；备齐菜肴的配料、作料；备好酒品、饮料、茶水。

（2）如需摆放名单、菜单，则由餐厅主管落实后送交餐饮部办公室打印，并协助宴会主办人摆放。

①中餐西吃宴会菜单两人一份，放于两人之间，整齐划一。大型宴请（圆桌）每桌两份，

放于台面主人和主宾以及副主人和副主宾处。

②席位卡字体要求统一，剪裁标准、整齐，摆放成一条直线。

（六）铺台摆台

宴会开始前一个小时，要求宴会铺台摆台完毕，并根据要求摆放台号卡、鲜花等物品。

（七）摆放冷盘

（1）大型宴会开始前 30 分钟左右摆上冷盘，中小型宴会在开始前 15 分钟摆放冷盘。

（2）冷盘的摆放要求是：根据菜肴的品种、数量来进行，注意菜点色调的分布、荤素的搭配、菜型的正反、刀口的逆顺、菜盘间的距离、造型美观度等。

（八）全面检查

准备工作结束后，宴会负责人还应做一次全面检查，包括环境卫生、场地布置、台面摆设、传菜分工、餐具酒水是否备齐、调料准备、餐酒具的卫生、消毒、服务员个人卫生、仪表装束、照明、空调、音响等，以保证宴会的顺利进行。

二、迎宾服务

（1）根据宴会开始时间，宴会厅主管及迎宾员应提前在宴会厅入口迎候宾客，值台服务员在自己负责的区域做好服务准备。

（2）宾客抵达时，要热情迎接、微笑问候。如设有衣帽间，则帮助客人存挂衣帽并及时将寄存卡递送给客人。

（3）迎领早到的客人进入宴会休息室，递上小毛巾并送上茶水、小食。

（4）主人表示可以开席时，迎领宾客进入宴会厅并协助宾客入座。

（5）宾客入席后，帮助宾客铺放餐巾，除掉筷套，撤掉席位卡、鲜花。

三、宴会中的就餐服务

（一）酒水服务

（1）为宾客斟倒酒水时，应首先征求宾客意见，按宾客需要斟倒酒水。如宾客不需要，应及时将宾客面前的空酒杯撤走。

（2）倒酒水时，应从主宾开始，接着为主人斟酒；然后按顺时针方向依次进行。如有两名服务员同时服务，则一名服务员从主宾开始，另一名服务员从副主宾开始，按顺时针方向依次进行。

（3）服务酒水时，服务员应站在宾客右后方，侧身而进，右手持瓶，酒标朝向客人，瓶口距离杯口 1—2 厘米，白酒斟至 8 分满，红酒斟 1/2 杯。

（4）宴会进行过程中，如遇宾主致辞祝酒，服务员应提前斟好酒水，尤其应注意主宾和主人，当杯中酒水少于 1/3 时应及时添加。当宾主致辞祝酒时，服务员应停止一切活动，端正肃立一旁。

【案例分析】

实习生的问题①

　　装饰典雅的某酒店宴会厅灯火辉煌，一席高档宴会正在有条不紊地进行着。正当客人准备祝酒时，一位服务员不小心失手打翻了酒杯，酒水洒在了客人身上。"对不起，对不起。"这边道歉声未落，只听那边"哗啦"一声，又一位服务员摔破了酒杯，顿时客人的脸上露出了愠色。这时，宴会厅的经理走上前向客人道歉后解释说："这些服务员是实习生……"顿时客人的脸色由愠色变成了愤怒……第二天客人将投诉电话打到了酒店领导的办公室，愤然表示他们请的一位重要客人对酒店的服务很不满意。

　　点评：

　　（1）作为现场的督导人员，对发生的事情首先应对客人表示真诚的歉意。同时一定要注意语言得体、解释得当，切不可信口开河、随意乱讲。上例中的管理人员由于解释欠妥，表达不够准确，不但没有使客人得到安抚，反而起到了火上浇油的作用。作为管理者，遇到事情时不要光想着推卸责任，心中要装着客人，处理问题要有大局观。

　　（2）出现问题要按规定程序及时汇报，切忌存在侥幸心理。酒店有些管理人员喜欢报喜不报忧，往往将问题、投诉压下来，以尽量不使自己管辖范围内的问题暴露在上司面前。这是一种掩耳盗铃的做法，往往会错过处理投诉的最佳时机，使事情变得更加复杂，埋下隐患。管理人员及员工要具备一种良好意识，客人的每一个投诉、每一项不满应尽可能快速反映给自己的上司——不论是否已经圆满地处理过，使酒店领导能掌握第一手资料，以便警示其他人员。

　　（3）实习生培训未达标就直接为客人服务是某些部门的老问题。培训部及用人部门要将培训落到实处，重视培训效果，做到事事有标准、人人有师傅，让实习生从业务技能到心理素质都能得到锻炼。实习生经过考核符合工作要求后，得到部门经理、岗位主管的认可，方可上岗实习。特别是一些管理人员及老员工不要"欺生"，来了"新人"，"老人"就歇工。出现了问题，造成不可挽回的损失时，从管理者到老员工都要承担责任，酒店不会只处理实习生。

（二）菜肴服务

　　（1）冷菜用掉1/3时，应开始上热菜。上菜的一般顺序为：先凉菜后热菜，先优质菜后一般菜，先咸菜后甜菜，先菜肴后点心，最后上水果，即按照凉菜、主菜、热炒、汤菜、甜菜、点心、水果的顺序上菜。

---

① 资料来源：http://blog.sina.com.cn/zlziyouren。

（2）大型宴会应该安排专门人员负责指挥控制上菜的节奏，避免因早上、迟上或漏上影响宴会整体效果。宴会上菜通常以主桌为准，先上主桌，不可颠倒主次。

（3）上菜时，要正确选择上菜的位置。一般选在陪同位进行，忌在主人和主宾之间上菜。

（4）菜肴上桌后应转动转盘，将新上菜肴送至主宾与主人面前。如用长条形盘，则应使盘子横向朝向主人；如上整形菜，则讲究"鸡不献头、鸭不献掌、鱼不献脊"；如所上菜肴跟有佐料，则先上佐料后上菜。

（5）每上一道新菜，应向客人报菜名，如上招牌菜及特色菜，还应向客人介绍菜肴风味特点、历史典故及食用方法。

（6）如需提供分菜服务，则先上菜肴请客人观赏，再拿到分菜台上分好上给客人。分菜时要胆大心细，分派的分量均等。

（7）上甜食前，应为客人换上新的骨碟。上完水果后，应为客人换上新毛巾并上茶水。

（三）席间其他服务

宴会服务过程中，服务员要勤巡视、勤斟酒、勤换骨碟烟缸，细心观察客人表情及示意动作，主动服务。

【知识链接】

中餐宴会席间其他服务①

一、香烟服务

当客人准备抽烟时，要主动为其点烟，打火机或火柴火苗的高度是1.5厘米。打火机或火柴点燃后不能连续为两个以上的客人点烟。

二、烟灰缸的撤换方法

烟灰缸的撤换方法有两种：一种是以一换一法，即用一个干净的烟灰缸换一个脏的烟灰缸，具体做法是：用干净的烟灰缸压放在用过的烟灰缸上，并将两个烟灰缸同时撤下，然后再将干净的烟灰缸放回原处。另一种是以二换一法，即用两个干净的烟灰缸换一个脏的烟灰缸，具体做法是：先将一个干净的烟灰缸放在餐桌上脏烟灰缸的旁边，不要接触，再从托盘上拿另一个干净的烟灰缸，以第一种换烟灰缸的方法将烟灰缸撤换到位。烟灰缸里超过两个烟头应及时更换。

三、更换餐具的时机

（1）吃了带壳带骨的菜肴（如螃蟹）应更换餐具。

（2）吃了带糖、醋、浓汁的菜肴应更换餐具。

① 资料来源：http://wenku.baidu.com。

（3）客人的汤碗应用一次更换一次。

（4）弄脏了的餐具应及时更换。

（5）吃名贵菜前应更换餐具。

（6）上菜不及时时也可更换餐具。

（7）用过一种酒水，又用另一种酒水时应及时更换餐具。

四、收尾工作

（一）结账服务

菜点上齐后，服务人员应做好结账准备，清点所有宴会菜单以外的另行计费项目（如酒水、加菜等）并计入账单，随时等候客人结账。

（二）拉椅送客

主人宣布宴会结束时，服务人员要提醒宾客注意携带自己的随身物品。客人起身离座时，服务员要主动帮客人拉开椅子。客人离座后，服务员要立即检查是否有客人遗漏的物品，及时帮助客人取回寄存在衣帽间的衣物。

（三）清理台面

宾客全部离座后，服务员应迅速分类清理餐具，整理台面。清理台面时，应依次按照餐巾、毛巾、玻璃器皿、金银器、瓷器、刀叉、筷子的顺序分类清理，贵重物品应当面清点数量并妥善保管。

（四）清理现场

完成台面清理后，服务员应将所有餐具、用具恢复原位并摆放整齐，做好清洁卫生工作，恢复宴会厅原貌，以保证下次宴会的顺利进行。

◆── 任务二　西餐宴会服务设计 ──◆

一、宴会前的准备工作

根据宴会要求布置宴会厅，备好餐酒具、服务用具等物品，具体工作如下：

（1）掌握宴会情况，布置场地。做好宴会厅的清洁卫生工作，并按照宴会通知单的要求布置宴会厅，摆好台形。

（2）备好所有餐具、服务用具，按要求摆台。根据出席宴会的人数、菜肴的安排等要求来准备足够的餐酒具、服务用具。按西餐宴会摆台要求进行台面布置：铺放台布，摆放餐酒具，最后放上鲜花、烛台等装饰物品，美化台面。

（3）备好宴会所需酒水。根据宴会菜单备齐酒水饮料种类及数量，并根据适宜饮用温度进行相应处理，如红葡萄酒通常在常温下饮用，而白葡萄酒和香槟酒则需冰镇。如宴会开始前安排有餐前酒会，更需要提前备好足够的酒水并调制鸡尾酒。

（4）备好足够的开胃品、面包、黄油、果酱等。在宴会开始前10分钟，把开胃品摆放在餐桌上，通常是每人一盘，也可以将开胃品集中摆放在餐车上，宾客抵达后由宾客自选或者由服务员分让。宴会开始前5分钟，把面包、果酱放入面包篮摆上餐桌，黄油置于黄油碟中。

（5）全面检查。西餐宴会餐前检查工作与中餐基本一致，不赘述。

二、迎宾服务

（1）迎候宾客。根据宴会开始时间，宴会厅主管及迎宾员应提前在宴会厅入口迎候宾客，值台服务员在自己负责的区域做好服务准备。宾客抵达时，要热情迎接，微笑问候。如设有衣帽间，则帮助客人存挂衣帽并及时将寄存卡递送给客人。

（2）餐前鸡尾酒服务。西式宴会可以在开餐前半小时举办餐前鸡尾酒会，宾客陆续到来，可进入宴会休息室，由服务员送上餐前鸡尾酒、软饮料请客人选用。送饮品给客人时，若客人是坐饮，先在客人面前的咖啡几上放上杯垫，然后上饮品；若客人是立饮，先给客人餐巾纸，后给客人递送饮品。

（3）引宾入席。开席前5分钟，宴会负责人应主动询问主人是否可以开席，取得同意后立即通知厨房准备上菜，同时引领宾客入席并拉椅协助宾客入座。

（4）宾客入席后，帮助宾客铺放餐巾。

在此需要注意的是，西式宴会服务程序注重先女后男、先宾后主。

三、宴会中的就餐服务

（一）酒水服务

宾客入座后，服务员应主动询问客人需要何种酒水。如客人一时间难以决定，服务员应主动向客人介绍酒水及饮料。为客人推荐酒水时，要根据客人的国籍、民族、性别而定，尊重客人的饮食习惯，礼貌用语，不能强迫客人接受。同时，服务员应清楚记录每位客人所点酒水，避免斟错酒。西式宴会酒水包括餐前酒、佐餐酒、餐后酒。

1. 餐前酒

餐前酒是指通常作为餐前饮用的酒精饮料，主要是以葡萄酒或蒸馏酒为原料加入植物的根、茎、叶、药材、香料等配制而成，可以刺激食欲，因此也称作"开胃酒"，与餐后饮用旨在消化食物的"餐后酒"形成对应。传统的开胃酒品种大多是味美思（Vermouth）、雪利酒（Sherry）。

（1）味美思酒。味美思酒以葡萄酒为酒基，加入植物及药材（如苦艾、龙胆草、白芷、紫菀、肉桂、豆蔻、鲜橙皮）等浸制而成。最为著名的是法国和意大利的味美思。

味美思按含糖量可分为干、半干、甜三种，按色泽有红、白之分。干味美思通常为无色透明或浅黄色；甜味美思呈红色或玫瑰红色，糖分为 12%—16%，其名声大于干味美思。

（2）雪利酒。雪利酒是一种酒精含量高的葡萄酒，具有浓郁的香气，而且越陈越香。根据其极辣、辣、中辣、甜辣味道以及配制方法和酿造期的长短，可分为各种类型。其酒精体积分数一般在 17%—24%。饮用雪利酒一般要提供雪利酒杯，但依宾客要求，有时也可提供威士忌酒杯。

2. 佐餐酒

西餐讲究酒水与菜肴的搭配。葡萄酒是西餐最传统、最常用的佐餐酒，一般原则是"白酒配白肉，红酒配红肉"，即鱼、虾、蟹、鸡肉等浅色的肉类食物通常搭配白葡萄酒，而猪、牛、羊肉等颜色较深的食物通常配以红葡萄酒。香槟酒的味道醇美，适合任何时刻饮用，配任何食物都可以。西餐的惯例是，上佐餐酒的时间应先于所搭配的菜肴。

3. 餐后酒

餐后酒是餐后饮用的酒精饮料，用来帮助消化食物。餐后酒通常直接饮用，主要有白兰地（Brandy）、利口酒（Ligueur）、威士忌（Whiskey）等。服务餐后酒前，服务员应将餐台整理干净。

（1）白兰地酒。白兰地酒广义上是水果蒸馏酒的总称，其中作为葡萄蒸馏酒的白兰地，以干色、阿马略克白兰地最具代表性。除此之外，还有苹果白兰地、果渣白兰地以及以李子或木莓等果酒为原料生产的白兰地，各国生产的白兰地都各有特色。

（2）威士忌酒。威士忌酒是由麦子、玉米发酵后经过蒸馏而成，著名的有苏格兰威士忌、爱尔兰威士忌、波旁威士忌（又称玉米威士忌）、加拿大威士忌、日本威士忌等。

（3）利口酒。利口酒是以白兰地、威士忌等为酒基，配上水果、草根、木皮、香草等物，采用浸泡法，经过蒸馏、甜化处理而成。

【知识链接】

酒店西餐厅餐后酒服务规范[1]

一、准备酒水车

（1）酒水员检查酒车上的酒和酒杯是否齐备。

（2）将酒和酒杯从车上取下，清洁车辆，在酒车的各层铺垫上干净的餐巾。

（3）清洁酒杯和酒瓶的表面、瓶口和瓶盖，确保无尘迹、无指印。

（4）将酒瓶分类整齐地摆放在酒车的第一层，酒瓶朝向一致；将酒杯放在酒车第二层；将加热白兰地酒所用的酒精炉放在酒车的第三层。

（5）将酒车推至餐厅明显的位置。

[1] 资料来源：http://dyzx.dyteam.com/news/bencandy.php?fid=37&id=55870。

二、推荐酒水

（1）当服务员为客人上完咖啡后，酒水员将酒车轻推至客人桌前，酒标朝向客人，建议客人品尝甜酒。

（2）积极地向客人推销，但要注意使用礼貌用语，不得强迫客人。

①对于不了解甜酒的客人，可向他们讲解有关知识，推销名牌酒。

②给客人留有选择的余地，根据客人的国籍给予相应建议。

③尽量推销价格高的名酒，然后是普通酒类。

④向男士推销时，选择较烈酒类，向女士推荐柔和酒。

三、斟酒

（1）斟酒时，酒水员按照先宾后主、女士优先的原则，使用右手从客人右侧按顺时针方向进行服务。

（2）倒酒（不同的酒须使用不同的酒杯）时，酒瓶商标须面向客人，瓶口不能碰到杯口，以免有碍卫生及发出声响。

（3）每倒完一杯酒，须将酒瓶按顺时针方向轻轻转一下，避免瓶口的酒滴落在台面上。

（二）菜肴服务

西餐正式宴会的菜肴复杂多样，讲究甚多，不仅有严格的上菜次序，也非常讲究菜与调味汁的搭配。西餐正式宴会的上菜次序为：开胃菜、汤、副菜、主菜、蔬菜类菜肴、甜品、咖啡或茶。

1．开胃菜

所谓开胃菜，即用来打开胃口之物，亦称西餐的头盘。在西餐里，它往往不被列入正式的菜序，而仅仅充当着"前奏曲"的作用。一般来说，开胃菜是由蔬菜、水果、海鲜、肉食所组成的拼盘，有冷头盘和热头盘之分，多以各种调味汁凉拌而成，色彩悦目，口味宜人。常见的品种有鱼子酱、鹅肝酱、熏鲑鱼、鸡尾杯、奶油鸡酥盒、焗蜗牛等。

2．汤

按照传统说法，汤是西餐的"开路先锋"，大致可分为清汤、奶油汤、蔬菜汤和冷汤四类。常见的有牛尾清汤、各式奶油汤、海鲜汤、美式蛤蜊汤、意式蔬菜汤、俄式罗宋汤、法式葱头汤等。

3．副菜

通常水产类菜肴与蛋类、面包类、酥盒菜肴均称为副菜。西餐吃鱼类菜肴讲究使用专用的调味汁，品种有鞑靼汁、荷兰汁、酒店汁、白奶油汁、大主教汁、美国汁和水手鱼汁等。

4．主菜

主菜通常用猪、牛、羊肉及禽肉为原料制作而成，其中最有代表性的是牛肉或牛排。肉类菜肴配用的调味汁主要有西班牙汁、蘑菇汁、白尼丝汁等。禽类菜肴的原料取自鸡、鸭、鹅，可煮、可炸、可烤、可焗，主要的调味汁有咖喱汁、奶油汁等。

5. 蔬菜类菜肴

蔬菜类菜肴在西餐中被称为色拉，可以安排在肉类菜肴之后，也可以与肉类菜肴同时上桌。与主菜同时搭配的色拉，称为生蔬菜色拉，一般用生菜、番茄、黄瓜、芦笋等制作。还有一些蔬菜是熟食，如花椰菜、煮菠菜、炸土豆条，通常与主菜的肉食类菜肴一同摆放在餐盘中上桌，被称为配菜。

6. 甜品

西餐的甜品是在主菜后食用的，可以算作是第六道菜。从真正意义上讲，它包括所有主菜后的食物，如布丁、冰激凌、奶酪、水果等。

7. 咖啡或茶

在用餐结束之前，为用餐者提供热饮作为"压轴戏"。热饮的作用主要是帮助消化，最常规的热饮是红茶或咖啡。西餐的热饮可以在餐桌上喝，也可以离开餐桌去客厅或休息室里喝。

服务人员在提供菜肴服务时，必须严格遵守以下菜肴服务的规范：

（1）上菜的原则。上菜时严格遵循先宾后主、女士优先的原则，从客人右侧为客人上菜。

（2）面包作为西餐中的佐餐食品，一定要保证足量供应，一旦发现面包篮空了，应立即添加，直至上甜品前方可撤下。

（3）严格按菜单顺序上菜撤盘。①每上一道菜之前，应先将前一道菜用过的餐具撤下；待上甜点时，应该撤去除甜品叉勺以外的所有刀叉餐具，调味品、面包盘、面包篮一同撤下。②当宾客将刀叉合并或平行放到餐盘上，表示不再食用时，一般可以撤去；如果将刀叉搭放在餐盘两侧，表示尚未用完，暂时不可撤去。③撤换餐盘的方法：左手托盘，右手操作，从宾客的右侧撤下，分别放入盘中。④待餐桌上所有宾客都吃完一道菜后才一起撤盘。

（三）席间其他服务

宴会服务过程中，服务员要勤巡视、勤斟酒、勤换烟灰缸，细心观察客人表情及示意动作，主动服务。

【知识链接】

西式宴会常见服务方式①

西餐服务常采用的方法有法式服务、俄式服务、美式服务、英式服务和综合式服务等。

一、法式服务

（一）法式服务特点

传统的法式服务在西餐服务中是最豪华、最细致和最周密的服务。通常，法式服务

———————

① 资料来源：http://www.gkstk.com/article/1358313415.html。

用于法国餐厅，即扒房。法国餐厅装饰豪华高雅，以欧洲宫殿式为特色，餐具常采用高质量的瓷器和银器，酒具常采用水晶杯，通常采用手推车或旁桌现场为顾客加热和调味菜肴及切割菜肴等服务。在法式服务中，服务台的准备工作很重要，通常在营业前做好服务台的一切准备工作。法式服务注重服务程序和礼节礼貌，注重服务表演，注重吸引客人的注意力，服务周到，每位顾客都能得到充分的照顾。但是，法式服务节奏缓慢，需要较多的人力，用餐费用高，餐厅利用率和餐位周转率都比较低。

（二）法式服务方法

1. 传统的二人合作式服务

传统的法式服务是一种最周到的服务方式，由两名服务员共同为一桌客人服务。其中一名为经验丰富的首席服务员；另一名是助理服务员，也可称为服务员助手。首席服务员主要负责请顾客入座、接受顾客点菜、为顾客斟酒上饮料、在顾客面前烹制菜肴、为菜肴调味、分割菜肴、装盘、递送账单等服务工作；助理服务员协助首席服务员把装好菜肴的餐盘送到客人面前，撤餐具和收拾餐台等。在法式服务中，除面包、黄油和配菜从客人左侧送上，其他菜肴一律用右手从客人右侧送上，从客人右侧用右手斟酒或上饮料，从客人右侧撤出空盘。

2. 上汤服务

助理服务员将汤以银盆端进餐厅，然后把汤置于熟调炉上加热和调味，其加工的汤一定要比客人需要量多，方便服务。当助理服务员把热汤端给客人时，应将汤盘置于垫盘的上方，并使用一条叠成正方形的餐巾，这条餐巾能使服务员端盘时不烫手，同时可以避免服务员把大拇指压在垫盘的上面。汤由首席服务员从银盆用大汤匙将汤装入顾客的汤盘后，再由助理服务员用右手从客人右侧服务。

3. 主菜服务

主菜的服务与汤的服务大致相同，首席服务员将现场烹调的菜肴分别盛入每一位客人的主菜盘内，然后由助理服务员端给客人。如为顾客服务牛排时，助理服务员从厨房端出烹调半熟的牛肉、马铃薯及蔬菜等，由首席服务员在客人面前调配作料，把牛肉再加热烹调，然后切肉并将菜肴放在餐盘中，首席服务员这时应注意客人的表示，看其要多大的牛排。同时，应该配上色拉，服务员应当用左手从客人左侧将色拉放在餐桌上。

二、俄式服务

（一）俄式服务特点

俄式服务是西餐普遍采用的一种服务方法。俄式服务讲究优美文雅的风度，将装有整齐和美观菜肴的大浅盘端给所有顾客过目，既能让顾客欣赏厨师的装饰和手艺，并且也能刺激顾客的食欲。俄式服务，每一个餐桌只需要一个服务员，服务的方式简单快速，服务时不需要较大的空间。因此，它的效率和餐厅空间的利用率都比较高。由于俄式服务使用了大量的银器，并且服务员将菜肴分给每一个顾客，使每一位顾客都能得到尊重和较周到的服务，因此增添了餐厅的气氛。由于俄式服务是在大浅盘里分菜，因此可以将剩下的、没分完的菜肴送回厨房，从而在一定程度上避免了浪费。俄式服务的银器投资很大，如果使用和保管不当会影响餐厅的经济效益。在俄式服务中，最大的问题是，最后分到菜肴的顾客，看到大银盘中的菜肴所剩无几，总有一些影响食欲的感觉。

（二）俄式服务方法

1. 分发餐盘

服务员先用右手从客人右侧送上相应的空盘，如开胃菜盘、主菜盘、甜菜盘等。注意冷菜上冷盘，即未加热的餐盘；热菜上热盘，即加过温的餐盘，以便保持食物的温度。上空盘依照顺时针方向操作。

2. 运送菜肴

菜肴在厨房全部制熟，每桌的每一道菜肴放在一个大浅盘中，然后服务员从厨房中将装好的菜肴大银盘用肩上托的方法送到顾客餐桌旁，热菜盖上盖子，站立于客人餐桌旁。

3. 分发菜肴

服务员用左手胸前托盘，用右手操作服务叉和服务匙从客人的左侧分菜。分菜时按逆时针方向进行。斟酒、斟饮料和撤盘都在客人右侧进行。

三、美式服务

（一）美式服务特点

美式服务是简单和快捷的餐饮服务方式，一名服务员可以看数张餐台。美式服务简单，速度快，餐具和人工成本都比较低，空间利用率及餐位周转率都比较高。美式服务是西餐零点和西餐宴会理想的服务方式，广泛用于咖啡厅和西餐宴会厅。

（二）美式服务方法

在美式服务中，菜肴由厨师在厨房中烹制好，装好盘。餐厅服务员用托盘将菜肴从厨房运送到餐厅的服务桌上。热菜要盖上盖子，并且在顾客面前打开盘盖。传统的美式服务，上菜时服务员在客人左侧，用左手从客人左边送上菜肴，从客人右侧撤掉用过的餐盘和餐具，从顾客的右侧斟倒酒水。目前，许多餐厅的美式上菜服务从顾客的右边，用右手按顺时针方向进行。

四、英式服务

英式服务又称家庭式服务。其服务方法是服务员从厨房将烹制好的菜肴传送到餐厅，由顾客中的主人亲自动手切肉装盘，并配上蔬菜，服务员把装盘的菜肴依次端送给每一位客人。调味品、沙司和配菜都摆放在餐桌上，由顾客自取或相互传递。英式服务家庭的气氛很浓，许多服务工作由客人自己动手，用餐的节奏较缓慢。在美国，家庭式餐厅很流行，这种家庭式的餐厅采用英式服务。

五、综合式服务

综合式服务是一种融合了法式服务、俄式服务和美式服务的综合服务方式。许多西餐宴会的服务采用这种服务方式。通常用美式服务上开胃品和色拉；用俄式或法式服务上汤或主菜；用法式或俄式服务上甜点。不同的餐厅或不同的餐次选用的服务方式组合也不同，这与餐厅的种类和特色、顾客的消费水平以及餐厅的销售方式有着密切联系。

六、自助式服务

自助式服务是把事先准备好的菜肴摆在餐台上，客人进入餐厅后支付一餐的费用，便可自己动手选择符合自己口味的菜点，然后拿到餐桌上用餐。这种用餐方式称为自助餐。餐厅服务员的工作主要是餐前布置，餐中撤掉用过的餐具和酒杯，补充餐台上的菜肴等。

四、收尾工作

西餐宴会收尾工作的具体内容和注意事项与中餐宴会基本相同，不赘述，可参见本书第86页相关内容。

【知识链接】

西式自助餐服务流程[1]

一、餐前准备

（1）仪容仪表整齐。到餐厅上班前必须先检查工衣是否整齐，佩戴工号牌，头发整齐，保持良好的精神面貌，女服务员要化淡妆。

（2）每日任务。知道餐厅当日有何特别出品、缺货品种、客人订餐情况及当日工作、注意事项。

（3）开餐准备。检查餐具、配料、用具等是否齐备，备餐柜是否清洁及餐具的摆放是否整齐，餐台摆位是否合格；开餐前将布菲炉加水，打开布菲炉电源开关，摆设各种底碟、菜品调料，根据菜品名称找菜牌并摆菜牌，保证布菲台钢器统一摆设、位置正确。晚班下班前应将次日用品准备好。

（4）餐厅的清洁。一般全面清洁工作在晚上收市后进行，但营业时间内一些细小

---

[1] 资料来源：http://wenku.baidu.com。

的清洁及保持干净、餐具的清洁等应是服务员的责任，要随时注意。清洁餐台时要检查地面及餐椅干净与否，时刻保持餐柜的整洁，不能堆放太多的餐具杂物，保持公共卫生等。

（5）充分准备好水杯、冻水、热茶、烟灰缸、纸巾、牙签、佐料碗、碟、餐具、托盘及工作巾。

（6）检查托盘、工作巾是否干净，保持茶水是热的，冻水壶里的柠檬每使用三壶水换一次。

二、餐中服务

（1）当宾客进入餐厅时，服务员要礼貌地欢迎宾客，并为宾客介绍菜点名称、风味，为宾客送餐盘。

（2）为宾客取菜后，服务员要及时整理菜台，撤下空菜盘，添加菜肴，使菜台始终保持丰盛、整洁、美观。

（3）值台服务员要密切与厨房联系，对需要添加的菜点，要尽可能做到提前通知厨房，不能等菜台的菜肴用完后再取，否则会影响宾客进餐。

（4）随时整理菜台并背着宾客进行菜肴归类，将用过的餐盘收入后台。

（5）注意及时添加布菲炉内的热水，检查固体燃料是否需要更换。

（6）随时撤掉宾客用过的餐具，保持桌面整洁。

（7）宾客每次离座取菜时，服务员把宾客的餐巾整理摆放在宾客的餐具旁。

（8）宾客用餐结束时，拉椅送客表示感谢。

三、餐后收尾工作

（1）结束前10分钟提醒客人将要收餐，在确认客人无需要时，与上级确认是否收餐，关闭布菲电源，通知厨房收食品和用具。

（2）将可回收利用的食品整理好，属于餐厅的应保管好，属于厨房的应通知厨房取回。

（3）把布菲台所有的钢器收起来送到洗碗房清洗，倒掉布菲炉里的水。把洗干净的餐具、器具放回原位，及时收回清洗后的钢器入柜。

（4）打扫餐厅卫生，将餐厅恢复原样，下班前关闭餐厅电源。

◆—— 任务三　主题宴会服务的活动设计 ——◆

主题宴会是指宴请目的比较明确，且主题鲜明、突出的宴会活动。主题宴会的菜单设计、菜肴选料、接待服务方式及就餐环境氛围甚至员工的服饰都是围绕着这个主题展开的，主题宴会策划已经成为餐饮企业拓展市场、提升市场竞争力的重要内容。

主题宴会策划主要包含以下几个步骤：

（1）选择主题宴会综合策划的领导人。他不仅要精通业务，还要具有敏锐的洞察力和战略眼光，有较强的协调和组织管理能力，能够带领策划小组集思广益完成宴会策划任务。

（2）确定宴会策划的指导思想。每一个主题宴会策划在正式开展工作前，都要详细了解宴会策划的市场需求，明确本次宴会策划的性质、目的、特点及宾客要求。

（3）确定宴会设计的主攻方向。为了制作出更切合实际、更有竞争力的策划方案，策划人员必须认真研究分析餐饮企业的内部条件，如餐厅面积及接待能力、设备和技术力量、厨房生产能力、停车场及交通条件及其他可利用的资源（餐饮企业品牌、商誉）等，还应该了解餐饮企业外部环境，如相关政策法规、竞争情况等，尽可能做到扬长避短、知己知彼，力争宴会策划能为餐饮企业的经营管理做出贡献。

（4）进行宴会策划方案的征集、讨论及编制。宴请目的决定了宴会主题的性质、特点和名称，而宾客的需求、兴趣、爱好及餐饮企业的核心能力也在不同程度上影响主题宴会的菜式和菜单风格、场景设计、服务特色、成本控制、后勤及安全保障等宴会策划内容。策划小组应集思广益，在对策划方案进行充分、详细讨论的基础上，共同编制出系统、规范、完整的主题宴会策划书，以供餐饮企业审核、备用。

（5）对策划书进行可行性分析。完成策划书编制后，还须进行可行性分析，并根据分析结果进行修订才能最终确定策划书内容，企业根据策划书内容进行生产和服务安排。可行性分析主要应考虑主题宴会的生产和接待服务技术、设施设备、员工素质和管理措施能否跟得上，宴会能否达到预期的盈利目标，方案本身是否存在疏漏和不足，应对各种突发事件的措施和预案是否准备充分等。

一、宴会策划书的撰写

宴会策划书的主要内容应包含以下项目：

（1）封面。封面应包含主题宴会名称、策划小组负责人及所在单位、联系电话、编制完成日期等内容。

（2）编制说明。编制说明应包含主题宴会策划的有效期限、适用对象、服务项目、费用预算与报价、编制依据文件索引等内容。

（3）正文。正文应包含主题宴会策划的背景分析、菜单菜肴设计及说明、接待服务设计及说明、台面台形设计及说明、酒水及开胃菜点设计、社交演出活动安排、成本核算及对外报价、质量管理、后勤与安全保障、任务分配等内容。

（4）附件。附件应包含菜单及装帧设计图、菜肴设计及制作要点（具体说明上菜顺序及其他注意事项）、宴会台面及台形设计图、舞台设计与布置图、室内设计与装饰布局图、餐厅平面图、其他相关表格或图片、特别说明等内容。

二、案例赏析

案例一　答谢酒会策划书

一、活动概况

（一）酒会主题

从这里走向世界——××集团答谢酒会。

（风雨历程——感谢有你！）

（品牌升级——邀您共鉴！）

（辉煌之路——你我共筑！）

（二）酒会目标

更好地与商家联络感情、促进交流，感谢商家对我公司的支持和厚爱，倡导共赢理念，建立彼此更好的合作关系，增强商家对我公司的信心，提高在业界的声望。

（三）时间

×××年×月×日18：00—21：00。

（四）地点

××××酒店。

（五）与会人员

××集团管理高层、××集团合作商家、业界知名人士等约200人。

（六）活动方式

本次活动主要以宴会形式进行。

二、答谢酒会筹备小组

（一）第一组：策划总控组

组长：××。

任务：

（1）负责活动总体策划及前期筹备工作的控制，制作前期准备时间表，以确保酒会顺利、圆满举行。

（2）负责对其他各组工作的跟进督促，协调并协助其他各组按计划完成。

（3）负责酒会流程方案的书写及监督执行。

（4）负责经费的调配。

（5）处理紧急情况。

（二）第二组：宣传组

组长：××。

任务：

（1）利用海报、横幅等方式做好活动现场（含酒店外围）布置。

（2）负责酒会所有宣传材料的设计、制作等准备工作（请柬、活动现场签到台、礼品奖品的包装、企业画册、企业展示画面、企业宣传幻灯片等）。

（3）负责酒会主持人的确认及台词审核，现场活动音乐准备。

（4）负责现场摄影及 DV 摄像。

（5）联系执行组落实好现场音响、灯光、投影仪等相关设备，并负责活动过程中的使用。

（6）所有工作向策划总控组长负责，做到即时沟通。

（三）第三组：执行组

组长：××。

任务：

（1）联系酒店并确定酒会场地。

（2）联系商家及业界代表，确定酒会邀请人员名单，活动当日提供花名册。

（3）联系宣传组制作邀请与会人士的请柬，并在规定时间内发出请柬。

（4）活动相关物品的购买，如奖品、礼品。

（5）做好酒会当日接待等后勤服务。

注：各工作组在开展自己的工作时，请自觉与其他小组协调进行。

三、各阶段任务及工作分配

（一）酒会策划及准备期

根据下列安排由各组长制订工作计划表：

负责人	工作内容	完成时间	备注
总控＋财务	经费预算		
宣传组	主要针对商家和业界的前期宣传负责制作精致邀请函		
宣传组	主持人确定，酒会宣传材料制作和组织		
执行组	确定与会人员名单，发放邀请函（请柬）		
执行组	酒店确认，相关设备确认，相关物品的购买		

（二）酒会当日流程

活动开始前 1 个小时，各组负责人必须到位，再次检查各种设备是否正常工作以及物品是否齐全，总控组做好到场工作人员登记。

18 : 00　与会嘉宾入场，执行组做好接待、签到工作，并为来宾发放小礼品，现场播放暖场音乐。

    18：30　酒会正式开始。

    18：30　主持人宣布酒会开始并致开场白。

    18：35　主持人介绍与会嘉宾及集团到会领导。

    18：40　嘉宾××致辞。

    18：45　××集团采购部总监致辞。

    18：50　主持人介绍××集团发展历程，并附相关企业幻灯片图片。

    19：10　××集团总裁致答谢辞。

    19：15　集团总裁举杯送祝愿，邀请大家开始用餐，尽情享用。

用餐过程中播放优雅音乐，滚动播放企业宣传幻灯片。

（三）酒会后期工作

送走来宾，收拾物品并整理场地；费用结算；书面总结及照片整理，为与会来宾发放纪念照片。

注意：晚会结束后立即开展清理会场工作，各负责人完成自己的工作后即可离开会场；如不能马上归还的物品，先送回相关责任人，并在以后的一天内由原定负责人送达。

四、资金预算

酒会用餐费用：800元×15桌=12000元。

宣传费用待场地确定后宣传部拟出并申报给策划总控组，预计800元。

优秀商家奖品：500元（奖杯或奖牌）。

小礼品：500元（杯子、伞等）。

酒水：1000元。

其他不可预计费用：200元。

总预算：15000元人民币。

五、资金来源

划入集团广告宣传费用。

六、附录

附录一　酒会会前、会中及会后工作细则一览表

工作内容	时间	控制	负责人
酒店确定			
与会嘉宾名单确定			
企业宣传资料的制作			

（续表）

工作内容	时间	控制	负责人
请柬的发送			
酒水的购买			
奖品、礼品的购买			
借用所需工具工作			
灯光、音响调试工作联系			
准备酒会所需伴奏音乐			
企业宣传资料的送达工作			
播放幻灯片人员到位			
照相及 DV 工作人员到位			
维持秩序工作人员到位			
进出口控制工作			
会场布置			

附录二　物料准备

酒水、小礼品、奖品、横幅、pop、音响设备和无线话筒、播放幻灯片设备（联系酒店提供）、照相设备等。

附录三　相关负责人的联系方式（略）

案例二　主题婚宴策划书

承办单位：×× 酒店宴会部。

主题：比翼双飞婚宴。

新郎、新娘：×× 先生、×× 小姐。

地点：紫竹厅。

类型：剧院型。

面积：90 平方米。

人数：60 人。

附：紫竹厅平面图及台面、台形设计图。（略）

餐具选用：纯银餐具。

菜单：喜庆满堂（迎宾八彩碟）、红运当头（大红乳猪拼盘）、浓情蜜意（鱼香焗龙虾）、金枝玉叶（彩椒炒花枝仁）、大展宏图（雪蛤烩鱼翅）、金玉满船（蚝皇扒鲍贝）、年年有余（豉油胆蒸老虎斑）、喜气洋洋（大漠风沙鸡）、花好月圆（花菇扒时蔬）、幸福美满（粤式香炒饭）、永结连理（美点双辉）、百年好合（莲子百合红豆沙）、万紫千红（时令生果盘）、早生贵子乐（枣圆仁子羹）、如意吉祥（芦蒿香干）、良辰美景（上汤时蔬）。

时间：9月9日，具体行程如下：

8：00　车队出发前往新娘家接新娘。

9：30　车队到新郎家。

10：00　宾客到酒店。

10：20　宾客进宴会厅。

10：30　乐队表演。

11：30　宴会正式开始。

15：00　宴会结束。

15：20　宾客退场。

各部门工作范围如下：

保安部：做好停车场安排及司机休息、安全防卫工作。

礼宾部：布置签到台，摆放鲜花。

客房部：负责宾客入住。

工程部：负责安装、调试音响、灯光等设施设备。

房务部：负责宴会厅、新娘化妆间的绿化、插花等。

餐饮部：负责宴会厅布置、台面摆设及装饰、宴会服务。

宣传部：负责指示牌制作、现场摄影、现场协调、意外事件处理。

◆── 任务四　宴会酒水服务设计 ──◆

一、宴会酒水服务基础知识

自古以来，大到国宴，小到家聚，酒都是餐桌上交流的载体。"无酒不成席""酒逢知己千杯少""寒夜客来茶当酒""薄酒三杯表敬意"已为社会所认同。酒水在宴会上占有举足轻重的地位，在宴会设计过程中，要特别重视酒水的运用。正确选择宴会酒水不仅可以增强宴会饮食的科学性，增进宾客食欲，还可以增加宴会气氛。但是，饮酒过量会引起慢性酒精中毒，使记忆力与理解力下降，出现手颤、幻觉，诱发全身性神经炎、食道炎和消化性溃疡病，还会加重肝炎、高血压、冠心病等疾病，因此，宴会酒水虽必不可少，却也要适量饮用。下面介绍几种宴会常用酒水。

（一）常用的中国酒

1. 白酒

白酒是中国特有的一种蒸馏酒。它是以谷物及其他含有丰富淀粉的农副产品为原料，以酒曲为糖化发酵剂，经发酵蒸馏而成的高酒精含量的酒，其酒度一般为 50°—60°。

（1）茅台酒。酒度为 53°—55°，酱香型，贵州仁怀茅台酒厂出品，具有清亮透明、气味芳香、入口醇厚、余香悠长的特色。1915 年，巴拿马万国博览会将茅台酒评为世界名酒，誉其为"中国第一名酒"。茅台酒与法国的干邑白兰地、英国的苏格兰威士忌并称世界三大蒸馏白酒。

（2）汾酒。酒度为 60°，清香型，山西汾阳杏花村汾酒厂出品，具有酒液清澈透明、气味芳香、入口醇绵、落口甘甜的特点，素有色、香、味"三绝"之称，有"中国白酒始祖"的美誉。

（3）五粮液。酒度为 52°，浓香型，四川宜宾五粮液酒厂出品，具有清澈透明、香气浓郁悠久、味醇甘甜净爽的特点。

（4）古井贡酒。酒度为 60°，浓香型，安徽亳县酒厂出品，具有酒液清澈透明、香醇幽净、甘美醇和、余香悠久的特点。因取古井之水酿制，明清两代均为贡品，故得此名。

（5）董酒。酒度为 60°，混合香型，贵州遵义董酒厂出品，酒液晶莹透明，醇香浓郁，甘甜清爽。因厂址坐落于董公寺而得名。

（6）洋河大曲。酒度为 55° 和 64°，浓香型，江苏泗阳洋河酒厂出品，酒质醇香浓郁，柔绵甘洌，回香悠长，余味净爽。

（7）泸州老窖特曲。酒度为 52°，浓香型，四川泸州老窖酒厂出品，酒液无色透明，醇香浓郁，清洌甘爽，回味悠长，素有"千年老窖万年糟"的说法。

2. 黄酒

黄酒又名老酒、料酒、陈酒、米酒，是中国最传统的饮料酒，分为两大类，即南方黄酒和北方黄酒。

（1）绍兴加饭酒。酒度 8%，含糖度 2%，浙江绍兴酿酒厂出品。此酒储存 3 年，酒液色泽橙黄明亮，口味鲜美，芳香扑鼻。

（2）龙岩沉缸酒。酒度 14%—16%，含糖度 27%，福建龙岩酒厂出品。此酒储存 2 年，酒液呈鲜艳透明的红褐色，香气浓郁，口味醇厚，余味绵长。

3. 啤酒

啤酒是一种含有多种氨基酸、维生素、蛋白质和二氧化碳的营养丰富、高热量、低酒度的饮料酒。它具有清凉、解渴、健胃、利尿、增进食欲等功效，素有"液体面包"的美称。

啤酒按其色泽可分为淡色黄啤酒、浓色啤酒和黑色啤酒，按基麦芽汁的浓度可分为低度啤酒、中度啤酒和高度啤酒。一杯优质啤酒的色泽应清凉透明、不混浊，入杯后泡沫应具有洁白、细腻、持久、持杯的特点，同时还应有明显、纯正的酒花香和麦芽清香，入口柔和、清爽，略带苦味。

我国较有名的啤酒如青岛啤酒，由山东青岛啤酒厂出品，酒度 3.5%，麦芽度 12°，酒色呈米黄，淡而透亮，泡沫洁白细腻，具有显著的酒花麦芽的清香和特有的苦味，口感柔和，清爽纯净。

4. 果酒

果酒是选用含糖分较高的水果为主要原料酿制的饮料酒，酒度为 15°，酒液大多突出原果实的色泽，美观自然，清澈透明，并带有原果实的特有香气和酒香，酸甜适口，无异味。最有代表性的是葡萄酒。

（二）常用的外国酒

1. 蒸馏酒

（1）金酒。金酒又叫杜松子酒，是世界上第一大类的烈酒，最先由荷兰生产，后在英国大量生产，闻名于世。荷兰金酒属甜酒，适宜单饮，不宜作鸡尾酒的基酒；英国金酒为干酒，既可单饮，又可作鸡尾酒的基酒。

（2）威士忌。最具代表性的威士忌是苏格兰威士忌、爱尔兰威士忌、美国威士忌和加拿大威士忌。

（3）白兰地。白兰地是以葡萄酒作原料，在葡萄酒的基础上蒸馏而成的。白兰地酒色泽呈晶莹的琥珀色，具有浓郁的芳香，味醇厚润。饮用时用手掌暖杯，等白兰地微温有香气散发时，先嗅后尝。其贮藏时间标记见表 5-1。

表 5-1　白兰地不同标志所代表时间

类　别	标　志	贮存时间
字母标志	E.F.（Extra Fine）	75 年以上
	X.O.（Extra Old）	45 年以上
	V.V.S.O.P.（Very Very Special Old Pale）	40 年以上
	V.S.O.P.（Very Special Old Pale）	20 年以上
	V.S.O.（Very Special Old）	18—20 年
	V.V.O.（Very Very Old）	15—18 年以上
	V.O.（Very Old）	12—15 年
星标志	五星级（★★★★★）	10—12 年
	四星级（★★★★）	8—10 年
	三星级（★★★）	5—8 年

（4）伏特加。这是俄国具有代表性的蒸馏酒，无色，无酒精味，具有中性的特点，无须储存即可出售。

（5）朗姆酒。朗姆酒又叫糖酒，以蔗糖作原料，先制成糖蜜，然后经发酵、蒸馏，在橡木桶中储存3年以上而成。

（6）龙舌兰。龙舌兰酒是墨西哥独有的名酒，它由热带作物龙舌兰的发酵浆液蒸馏而成，又名仙人掌酒。著名的鸡尾酒"玛格莉牧师"即用龙舌兰酒作基酒。

2. 酿制酒

（1）红葡萄酒。红葡萄酒是用紫葡萄连皮及种子一起压榨取汁，经自然发酵酿制而成。红葡萄酒的发酵时间长，葡萄皮中的色素在发酵过程中溶进酒里，使酒液呈红色。由于所用葡萄品种不同，所以其酒液色泽和味道也各有差异。酒液呈紫红色，表示酒质很新，不够成熟；酒液呈褐红色，表示酒已成熟，酿制在3年以上；酒液呈红木色，表示储存期超过10年。一般红葡萄酒陈年4—10年味道正好，常在室温下饮用，15℃—18℃为最佳饮用温度。

（2）白葡萄酒。白葡萄酒主要是用白葡萄，也有用紫葡萄的，但不管使用哪种葡萄，其皮和种子都须除去后再压榨取汁，经自然发酵酿制而成。白葡萄酒发酵时间较短，一般储存2—5年即可饮用。发酵前因除去果皮，故酒液颜色较淡，一般呈浅黄色。白葡萄酒在品味上分甜、酸、辣三种。白葡萄酒具有怡爽清香、健脾胃、去腥气的特点，最佳饮用温度为7℃—10℃，因为低温可有效地减少酒中"丹宁酸"对人口感的刺激，因此在饮用前常经过冰镇，或用冰桶盛放。

（3）葡萄汽酒。白葡萄酒装瓶发酵后产生二氧化碳气体而形成葡萄汽酒。法国香槟地区出品的葡萄汽酒又称香槟酒。

（三）非酒精饮料（软饮料）

1. 咖啡

咖啡为世界三大软饮料之一，原产于埃塞俄比亚，含有脂肪、水分、咖啡因、纤维素、糖分、芳香油等成分，具有振奋精神、消除疲劳、除湿利尿、帮助消化的功效。

2. 茶

茶为世界三大软饮料之一，是人们普遍喜爱和有益的饮料，具有止渴生津、提神解乏、消脂解腻、促进消化、杀菌消炎、利尿排毒、强心降压、增强体质、补充营养、预防辐射的功效。主要品种有：

（1）绿茶。绿茶以西湖龙井最有名，它具有色翠、香郁、味醇、形美的特点。

（2）红茶。红茶是世界上产量最多、销路最广、销量最大的茶，可单独冲饮，也可加糖等调饮。

（3）乌龙茶。乌龙茶是我国独特产品，以福建产的最为有名，武夷岩茶为珍品。

（4）花茶。花茶又名香片，以茉莉花茶为上品。

（5）紧压茶（茶砖）。茶砖是一种加工复制茶，它是用压力把茶叶制成一定的形状，便于长途运输和储藏，一般供应边疆地区。

3. 可可

可可是世界三大软饮料之一，原产于美洲热带，可作饮料，亦可供药用，有强心、利尿的功效。

4. 其他饮料

主要有矿泉水、牛奶、鲜果汁、果蔬汁、碳化饮料等。

二、宴会酒水的保管和储藏

（一）酒水保管和储藏的一般要求

（1）酒品必须储存在凉爽干燥的地方。

（2）应避免阳光或其他强烈光线的直接照射，特别是酿造酒品。

（3）避免震荡，与特殊气味的物品分开储藏，以免串味。

（4）保持一定的储存温度和湿度。

（5）分类存放，便于清点。存放时要先进先出，并经常检查酒水的保质期。

（6）名贵酒应单独存放。

（二）葡萄酒的保管与储藏

（1）恒温保存。葡萄酒的最佳储存温度是 12℃—18℃，而且恒温比温度本身更关键，它可以让酒以恒定的速度成熟，酒质更细腻。如果温度变化较大，酒体风格会被破坏，酒质会变粗糙。

（2）避光保存。葡萄酒之所以被称为有生命的饮料，就是因为葡萄酒是非常敏感、非常容易起变化的。强光直射也会破坏葡萄酒的酒体风格，使酒质下降。

（3）静态保存。振动和噪音都会使葡萄酒加速氧化，使酒质下降。因此，葡萄酒不能经常移动，并且要远离喧器。

（4）干燥保存。葡萄酒的保存环境要保持较低的湿度，一般控制在 65%—80% 之间，否则会使葡萄酒的成熟加快。

（5）酒瓶横放保存。酒瓶横放可以让软木塞与酒汁充分接触，保持软木塞的湿润和膨胀，防止空气过量进入瓶内，延缓葡萄酒的氧化。

（三）啤酒的保管与储藏

（1）不宜久藏。啤酒有生熟之分，生啤酒经过加温灭菌，就成了熟啤酒。熟啤酒没有杂菌，只要不启瓶盖，并储存在阴凉干燥处，最佳保质期可达 3 个月，但最长不能超过 6 个月。生啤的储存期较短，一般为 10 天。如果发现啤酒变酸，就不能饮用了。

（2）储存温度要求较高。啤酒保存温度应低一些，温度若超过了 16℃，长期储存就会变质，低于 −10℃ 会混浊不清，如果条件允许，最好将啤酒储存于 4℃ 左右。

（3）避免剧烈震动。剧烈震动后，会导致啤酒中的二氧化碳气体散失，口味会变质。

（四）白酒的保管和储藏

白酒在历经多年储藏后会更加风华醇美，愈久愈浓，愈久愈香醇，价值也会越来越高。专家们把储藏达 20 年以上的好酒比作"液体黄金"，由此可见其价值潜能。

（1）白酒存放的容器必须是陶瓷或玻璃的，要求密封性好，防止漏酒和"跑度"。

（2）存放的地点、温度最好是地下。因为地下温度变化不大，基本保持常温，可减少白酒挥发，更重要的是保持白酒的原味，不易变质。存放的时间一般不少于 3 年，这样酒的味道才纯，口感特别好。

（3）瓶装白酒应选择干燥、清洁、光亮和通风较好的地方存放，相对湿度在 70% 左右为宜，湿度较高则瓶盖易霉烂。

（4）白酒贮存的环境温度不宜超过 30℃，严禁靠近烟火。

三、白葡萄酒服务操作程序与标准

（一）准备工作

白葡萄酒应冰镇奉客，所以应准备冰桶。

（1）在冰桶中放入 1/3 的冰块，再放入 1/2 的水。

（2）将冰桶放在冰桶架上，并配一条叠成 8 厘米宽的条状口布。

（3）将白葡萄酒放入冰桶中，商标须向上。

（4）在客人的饮料杯右侧摆放白葡萄酒杯，间距 1 厘米，酒杯须洁净、无缺口、无破损。

（二）示酒

（1）将准备好的冰桶架、冰桶、白葡萄酒、口布条一次性拿到主人座位的右侧。

（2）左手持口布，右手持葡萄酒，将酒瓶底部放在条状口布的中间部位，再将条状口布两端拉起至酒瓶商标以上部位，并使商标全部露出。

（3）右手持用口布包好的酒，左手四个指尖轻托住酒瓶底部，送至主人面前，请主人看酒的商标，并询问主人是否可以开启。

（三）开瓶

（1）得到主人允许后，将白葡萄酒放回冰桶中，左手扶住酒瓶，右手用开酒刀割开铅封，并用一块洁净的口布将瓶口擦干净。

（2）将酒钻垂直钻入木塞，注意不可旋转酒瓶，待酒钻完全钻入木塞后，轻轻拔出木塞，木塞出瓶时不要有声音。

（四）试酒与斟酒

（1）服务员须右手持条状口布包好酒，商标朝向客人，从主人右侧倒入主人杯中 1/5 的白葡萄酒，请主人品酒。

（2）主人认可后，按照先宾后主、女士优先的原则依次为客人倒酒，倒酒时须站在客人的右侧，将白葡萄酒倒至杯中 2/3 处即可。

（3）每倒完一杯酒须将酒瓶按顺时针方向轻轻转一下，避免瓶口的酒滴落在台面上；倒酒时，酒瓶商标须面向客人，瓶口不可触碰杯口，以免有碍卫生及发出声响。

（4）斟酒完毕，将白葡萄酒放回冰桶内，商标须向上。

（五）添酒

（1）随时为客人添加白葡萄酒。

（2）当整瓶酒将用完时，询问主人是否再加一瓶，如主人不再加酒，即观察客人，待客人喝完后，立即将空杯撤掉。

（3）如主人同意再添加一瓶，服务程序与标准同上。

四、红葡萄酒服务操作程序与标准

（一）准备工作

从吧台取来的红葡萄酒放置在垫餐餐巾的酒篮内，商标朝上，送至工作台。取送红葡萄酒时应避免摇晃，以防沉淀物泛起。

（二）示酒

将红葡萄酒放在酒篮中向点酒客人展示，商标朝向客人，以确认该酒正是客人所点（如有差错，则应立即更换，直到客人认可），同时询问客人是否可以开瓶。

（三）开瓶

如客人示意可以开瓶，则将酒从酒篮中取出，置于餐桌上（点酒客人右侧），打开开钻的小刀，用小刀沿瓶口外圈划开封口，揭开封底，用干净的餐巾擦拭瓶口，收起小刀，将开塞钻从木塞中央部位缓缓旋入至适当的位置（切不可钻透木塞）。

（四）闻塞

取下木塞后，应先闻一下木塞，检查有无异味（如酸味等），并将木塞放在餐碟中送至点酒客人面前查看，如发现该酒不宜饮用，则应立即更换，然后用干净餐巾擦拭瓶口内侧，以去除木塞屑。

（五）试酒

开瓶后的酒在主人右前侧放置一会儿，使酒与空气接触而氧化（散发掉部分酸气），然后为主人斟倒30毫升左右的酒让其试尝，注意商标朝客，倒毕轻转酒瓶，以防酒液下滴。

（六）斟酒

当主人品尝后，对酒表示满意，即可按先女后男、先宾后主的原则依次为客人倒酒，倒酒应从客人右侧进行；注意瓶杯不要触碰，商标朝客，每倒一杯就轻转瓶口，并用餐巾擦拭瓶口，以斟1/2为佳。为所有客人斟好酒后，应将酒放在点酒客人的右侧，商标朝客，并随时为客人续斟。

（七）添加

当整瓶酒将用完时，询问主人是否再加一瓶，如主人不再加酒，即观察客人，待客人喝完后，立即将空杯撤掉；如主人同意再添加一瓶，服务程序与标准同上。

五、香槟酒服务操作程序与标准

（一）准备、示酒

香槟酒服务的准备、示酒与白葡萄酒的方法基本相同。

（二）开瓶

首先应将瓶口的锡纸剥除，然后用右手握住瓶身以45°的倾斜角度拿着酒瓶，用左手大拇指紧压软木塞，右手将瓶颈外面的铁丝帽扭曲，一直到铁丝帽断裂为止，并将其封掉，此时应用左手紧握软木塞弹挤出来，转动瓶身，不可扭转木塞，不可将瓶口朝向客人，以免软木塞弹出。

（三）试酒与斟酒

香槟酒应分两次进行：先斟1/3，待泡沫平息后，再斟至2/3杯，斟酒完毕将酒瓶放回冰桶，用一块叠成条状的餐巾盖住，随时为客斟酒。

（四）添加

当整瓶酒将用完时，询问主人是否再加一瓶，如主人不再加酒，即观察客人，待客人喝完后，立即将空杯撤掉；如主人同意再添加一瓶，服务程序与标准同上。

六、啤酒服务操作程序与标准

（一）准备工作

根据客人需要，从吧台取回常温或冰镇的啤酒，准备一块叠成12厘米见方的洁净口布。

（二）示酒

将口布放于左手掌心，将啤酒瓶底放在口布上，右手扶住酒瓶上端，并呈45°倾斜，酒瓶上的商标须朝向主人，为主人展示所点的啤酒。

（三）开瓶

得到主人允许后，用开瓶器帮助客人开瓶。注意，开瓶时瓶口不能朝向客人，以免酒水溢出洒到客人身上或餐桌上。

（四）斟酒

提供啤酒服务时，服务员须站在客人右侧，右手持瓶，从客人的右侧将啤酒轻轻倒入饮料杯中，须使啤酒沿杯壁慢慢流入杯中，啤酒应倒八分满，不可使啤酒溢出杯外。倒酒时，酒瓶商标须面对客人，瓶口不准触碰杯口，以免有碍卫生及发出声响。如瓶中啤酒未倒完，须把酒瓶商标面向客人摆放在饮料杯右侧，间距2厘米。

（五）添酒

注意随时为客人添加啤酒。当瓶中啤酒仅剩1/3时，服务员须主动询问客人是否需要添加。如客人不再加酒，须及时将倒空的酒瓶撤下台面；如主人同意添加，服务程序与标准同上。

【知识链接】

中国茶的服务程序与标准

一、准备工作

使用中式茶壶、茶杯和茶盘，要求干净整洁、无茶垢、无破损；备好各种茶叶。

二、沏茶

第一步，确保茶叶质量；第二步，将适量的茶叶倒入茶壶中；第三步，先倒入 1/3 的热水，将茶叶浸泡两三分钟，再用沸水将茶壶沏满。

三、倒茶

第一步，使用托盘，在客人右侧服务；第二步，茶倒至茶杯 4/5 位置；第三步，当茶壶中剩 1/3 茶时，为客人添加开水。

四、注意事项

为客人斟茶时，不得将茶杯从桌面拿起，也不得用手触摸杯口。服务同一桌的客人使用的茶杯，必须大小一致，配套使用。及时为客人添加茶水。

咖啡的服务程序与标准

一、准备工作

（1）准备咖啡壶，咖啡壶应干净、无茶锈、无破损。

（2）准备咖啡杯和咖啡碟，咖啡杯和咖啡碟应干净、无破损。

（3）准备咖啡勺，咖啡勺应干净、无水渍。

（4）准备奶罐和糖盅，奶罐和糖盅应干净、无破损。

（5）奶罐内倒入 2/3 的新鲜牛奶。

（6）糖盅内放袋装糖，糖袋无破漏、无污渍、无水渍。

二、制作

取用冲调一壶咖啡所用的咖啡粉（或先磨咖啡豆）。先将咖啡粉容器取下，在容器内铺垫一张咖啡过滤纸，然后将咖啡粉倒入容器中，并放回到咖啡机上。从咖啡机上部的注水口注入一大壶冷水，4 分钟后，咖啡将自动煮好，流入到咖啡壶中。如用自动咖啡机，一般每杯咖啡的制作时间为 20 秒钟。

三、器具摆放

使用托盘，在客人右方服务。将干净的咖啡碟和咖啡杯摆放在客人餐台上：如客人只喝咖啡，则摆在客人的正前方；如客人同时食用甜食，则摆在客人的右手侧。

四、服务

（1）服务咖啡时，按顺时针方向进行，女士优先、先宾后主。

（2）咖啡斟至 2/3 处即可。

（3）将奶罐和糖盅放在餐桌上，便于客人取用。

◆──── 课后习题 ────◆

一、思考题

1. 中、西餐宴会上菜的一般顺序是什么？

2. 主题宴会策划主要有哪几个步骤？

3. 红、白葡萄酒的服务程序和服务标准是什么？

4. 宴会策划书主要包含哪些方面内容？

二、案例分析题

谁该为这瓶酒买单

小张是宴会厅服务员，这天他接待了王先生一行六人的小型宴会。在服务过程中，小张通过客人的聊天了解到这些客人都是大学同学，今天是王先生做东请他们一起进行毕业十周年的小聚会。餐厅里就餐氛围非常好，伴随着客人们热烈的交谈，王先生点的一瓶红酒很快喝完了，小张上前询问王先生是否加一瓶红酒，王先生同意了。这时旁边一位先生笑着对王先生说："小王混得这么好，就给我们开一瓶拉菲。"小张看王先生笑笑没说话，就去吧台领了一瓶拉菲。小张示瓶时，王先生正与一位客人交谈，没回头看就示意小张开瓶了。客人用餐完毕，小张送上菜单，王先生看到账单总额 2 万余元大吃一惊，质问小张算错了账。小张解释一瓶拉菲的价格已经接近 2 万元，所以账单并没有算错。王先生说自己没有同意点拉菲，拒绝为这瓶红酒买单，场面一时尴尬不已。

思考：

1. 你认为谁该为这瓶拉菲买单？

2. 如果你是小张，接下来会怎么做？

三、情境实训

1. 上网查找有关中国白酒服务的资料，参照课本，拟定中国白酒服务程序和规范。

目的：使学生了解中国白酒的服务程序和服务规范。

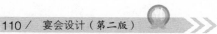

　　要求：每名学生独立完成，拟定中国白酒服务程序和规范，并分析该程序和服务规范的优劣，提交报告。

　　2. 上网查找有关宴会设计的资料，尝试以生日宴会为主题，编制一份宴会策划书。

　　目的：通过调查分析使学生了解生日宴会策划的流程和细节。

　　要求：学生分组完成，策划书必须凸显生日主题，提交策划书并制作 PPT 进行汇报。

项　目　六
宴 会 环 境 设 计

【项目导读】

　　本项目有三个任务：任务一是宴会环境氛围要求，阐述了宴会气氛的基本概念、作用和内容；任务二是宴会声光设计，阐述了声音和光环境的设计；任务三是宴会色彩设计，阐述了色彩的基本知识、色彩的特性和应用、色彩与感觉、色彩的配色与应用。

【学习目标】

　　1. 知识目标：了解和熟悉宴会环境设计的概念和作用；了解光线在宴会环境中的重要性；熟悉色彩的基本知识，了解如何应用在宴会环境中。

　　2. 能力目标：通过系统的理论知识学习，能根据不同宴会厅、不同顾客需求，对其环境氛围、音乐、光线、色彩等全方位的环境进行设计。

　　3. 素质目标：从理论知识中吸收、成长，提高学生的创新能力。

　　酒店高端宴会服务与设计已随着不同宾客的品位、层次在不断提升，而一场成功的宴会，其要素是综合性的。餐饮文化已不只是简简单单的吃饱喝足，高品位、高素质、高档次的宾客更希望能在整个晚宴的进程中，获得视觉（宴会设计、色彩、服务技艺）、听觉（特色的背景音乐、氛围）、味觉（美味特色的菜肴、饮品）上全方位的体验与享受。由此，宴会环境设计也就成为宴会设计中不可缺少的一部分。

◆── 任务一　宴会环境氛围要求 ──◆

　　宴会环境气氛的要素包括：宴会厅面积、空间、档次、风格，座位的类型、布置方法，餐桌上的用具，声音的高低，环境温度，装饰的色彩，照明，清洁卫生等方面。只有这些要素都考虑到了，才能使一场真正的高级宴会服务做得有声有色，别具一格。

一、气氛和宴会气氛的基本概念

　　宴会的气氛是宴会设计的一项重要内容。气氛设计的优劣直接影响着宴会厅对顾客的吸引力。认真地研究宴会气氛的设计及其相关的因素，对搞好宴会经营有一定的指导意义。

二、宴会气氛的作用

宴会气氛是宴会整体设计的重要组成部分，宴会气氛的好坏对顾客有很大的影响，从而直接关系到宴会经营的成败。理想的宴会气氛，应具有以下作用：

（1）宴会气氛与宴会的其他设计工作共同组成一个有机整体，能体现宴会的主题思想。

（2）宴会气氛的主要作用在于影响顾客的心境。所谓心境就是指顾客对组成宴会气氛的各种因素的反应。优良的宴会气氛完全能够影响顾客的情绪和心境，给顾客留下深刻的印象，从而增强顾客再次惠顾的动机。现代餐饮业中不同类型的宴会厅采取不同风格的装饰美化，以及同一宴会厅中用不同的装饰、灯光、色彩、背景等手段来丰富餐饮环境，目的都是满足不同顾客的心理需求。

（3）宴会气氛是多因素的组合，能影响消费者的"舒适"程度。优良的宴会气氛是宴会厅的光线、色调、音响、气味、温度等方面因素的最佳组合，它们直接影响顾客的"舒适"程度。要想进行优良的气氛设计，就要考虑到"舒适"这一标准，由于"舒适"的含义是抽象的，况且不同的顾客对"舒适"又有不同的标准，因此，要想达到"舒适"就必须深入了解宴会的主题及顾客的心理需求。

（4）宴会气氛设计是宴会经营的良好手段。顾客的职业、种族、风俗习惯、社会背景、收入水平和就餐时间以及偏好等因素都直接影响宴会的经营。针对宴会主题及顾客要求进行气氛设计，既体现了酒店的能力与实力，又能促进宴会的销售。

综上所述，宴会厅的气氛是宴会设计的重要任务。要想达到优良的气氛设计，必须利用现代科学技术，使多方面要素比例适合宴会的需要，充分利用各种家具设备，进行恰到好处的组合处理，使顾客感受到安静舒适、美观雅致、柔和协调的艺术效果。

三、宴会气氛的内容

要想达到良好的宴会气氛设计，通常要考虑如下几项基本内容：

（一）光线

光线是宴会气氛设计应该考虑的最关键因素之一，因为光线系统能够决定宴会厅的格调。在灯光设计时，应根据宴会厅的风格、档次、空间大小、光源形式等，合理巧妙地配合，以产生优美温馨的就餐环境。

不同形式的宴会对光线的要求也不一样：中式宴会以金黄和红黄光为主，而且大多使用暴露光源，使之产生轻度眩光，以进一步增加宴会热闹的气氛；西式宴会的传统气氛特点是幽静、安逸、雅致，西餐厅的照明应适当偏暗、柔和，同时应使餐桌照度稍强于餐厅本身的照度，以使餐厅空间在视觉上变小而产生亲密感。

在办宴过程中，还要注意灯光的变化调节，以形成不同的宴会气氛。如结婚喜宴，在新郎、新娘进场时，宴会厅灯光调暗，仅留舞台聚光灯及追踪灯照射在新人身上；新郎、新娘定位后，灯光调亮；新郎、新娘切蛋糕时，灯光调暗，仅留舞台聚光灯。灯光的变化应始终围绕喜宴的主角——新郎、新娘。

在宴会厅中，宴会厅照明应强于过道走廊照明，而宴会厅其他的照明则不能强于餐桌照明。总之，灯光的设计运用应围绕宴会的主题，以满足顾客的心理需求。

（二）色彩

色彩是宴会气氛中可视的重要因素。它是设计人员用来创造各种心境的工具。不同的色彩对人的心理和行为有不同的影响。如红、橙之类的颜色有振奋、激励的效果；绿色则有宁静、镇静的作用；桃红和紫红等颜色有一种柔和、悠闲的作用；黑色表示肃穆、悲哀。

颜色的使用还与季节有关。寒冷的冬季，宴会厅里应该使用暖色如红、橙、黄等，从而给顾客一种温暖的感觉；炎热的夏季，绿、蓝等冷色的效果最佳。

色彩的运用更重要的是能表达宴会的主题思想。红色使人联想到喜庆、光荣，使人兴奋、激动。我国的传统"红色"表示吉祥，举办喜庆宴会时，在餐厅布置、台面和餐具的选用上多体现红色，而忌讳白色（办丧事的常用色调）；但西方喜宴却多用白色，因为白色表示纯洁、善良。

不同的宴会厅，色彩设计应有区别。一般豪华宴会厅宜使用较暖或明亮的颜色，夜晚当灯光在 538 勒时，可使用暗红或橙色。地毯使用红色，可增加富丽堂皇的效果。中餐宴会厅一般适宜使用暖色，以红、黄为主调，辅以其他色彩，丰富其变化，以创造温暖热情、欢乐喜庆的环境气氛，迎合进餐者热烈兴奋的心理要求。西餐宴会厅可采用咖啡、褐色、红色之类，色暖而较深沉，以创造古朴稳重、宁静安逸的气氛；也可采用乳白、浅褐之类，使环境明快，富有现代气息。

（三）温度、湿度和气味

温度、湿度和气味是宴会厅气氛的另一方面，它们直接影响着顾客的舒适程度。温度太高或太低，湿度过大或过小以及气味的种类都会给顾客带来迅速的反应。豪华的宴会厅多用较高的温度来增加其舒适程度，因为较温暖的环境给顾客以舒适、轻松的感觉。

湿度会影响顾客的心情。湿度过低，即过于干燥，也会使顾客心绪烦躁。适当的湿度，才能增加宴会厅的舒适程度。

气味也是宴会气氛中的重要组成因素。气味通常能够给顾客留下极为深刻的印象。顾客对气味的记忆要比视觉和听觉记忆更加深刻。如果气味不能严格控制，宴会厅里充满了污物和一些不正的气味，必然会给顾客的就餐造成极为不良的影响。

一般宴会厅温度、湿度、空气质量达到舒适程度的指标如下：

（1）温度。冬季温度不低于 18℃—22℃，夏季温度不高于 22℃—24℃，用餐高峰客人较多时不超过 24℃—26℃，室温可随意调节。

（2）湿度。相对湿度以 40%—60% 为宜。

（3）空气质量。室内通风良好，空气新鲜，换气量不低于 30 立方米 /（人·小时），其中一氧化碳含量不超过 5 毫克 / 立方米，二氧化碳含量不超过 0.1%，可吸入颗粒物不超过 0.1 毫克 / 立方米。

（四）家具

家具的选择和使用是形成宴会厅整体气氛的一个重要部分，家具陈设质量直接影响宴会厅空间环境的艺术效果，对宴会服务的质量水平也有举足轻重的影响。

宴会厅的家具一般包括餐桌、餐椅、服务台、餐具柜、屏风、花架等。家具设计应配套，以使其与宴会厅其他装饰布置相映成趣，统一和谐。

家具的设计或选择应根据宴会的性质而定。以餐桌而言，中式宴会常以圆桌为主，西式宴会以长方桌为主，餐桌的形状为特定的宴会服务。宴会厅家具的外观与舒适感也同样十分重要。外观与类型一样，必须与宴会厅的装饰风格统一。家具的舒适感取决于家具的造型是否科学，尺寸比例是否符合人体结构规律。应该注意餐桌的高度和椅子的高度及倾斜度，餐桌和椅子的高度必须合理搭配，不能使客人因桌、椅不适而增加疲劳感，而应该让客人感到自然、舒适。

除了桌、椅之外，宴会厅的窗帘、壁画、屏风等都是应该考虑的因素，就艺术手段而言，围与透、虚与实的结合是环境布局常用的方法。"围"指封闭紧凑，"透"指空旷开阔。宴会厅空间如果有围无透，会令人感到压抑沉闷；但若有透无围，又会使人觉得空虚散漫。墙壁、天花板、隔断、屏风等能产生围的效果；开窗借景、风景壁画、布景箱、山水盆景等能产生透的感觉。宴会厅及多功能厅如果同时举行多场宴会，则必须使用隔断或屏风，以免互相干扰。小宴会厅、小型餐厅则大多需要用窗外景色或悬挂壁画、放置盆景等以造成扩大空间的视觉效果。大型宴会的布置要突出主桌，主桌要突出主席位；以正面墙壁装饰为主，对面墙次之，侧面墙再次之。

（五）声音

声音是指宴会厅里的噪音和音乐。噪音是由空调、顾客流动和宴会厅外部噪音所形成的。宴会厅应加强对噪音的控制，以利于宴会的顺利进行。一般宴会厅的噪音不超过50分贝，空调设备的噪音应低于40分贝。

关于音乐对宴会气氛的影响将在本项目任务二中加以说明。

（六）绿化

综合性酒店大多设有花房，有自己专门的园艺师负责宴会厅的布置工作；中档酒店一般由固定的花商来解决。宴会前对宴会厅进行绿化布置，使就餐环境有一种自然情调，对宴会气氛的衬托起相当大的作用。

花卉布置以盆栽居多，如摆设大叶羊齿类的盆景以及马拉马栗、橡树或棕榈等大型盆栽；依不同季节摆设不同观花盆景，如秋海棠、仙客来，悬吊绿色明亮的柚叶藤及羊齿类植物等。

宴会厅布置花卉时，要注意将塑料布铺设于地毯上，以防水渍及花草弄脏地毯；应注意盆栽的浇水及擦拭叶子灰尘等工作；凋谢的花草会破坏气氛，因此要细查花朵有无凋谢。

有些宴会厅以人造花取代照料费力的盆栽，虽然是假花、假草，一样不可长期置之不理，蒙上灰尘的塑料花、变色的纸花都会让人不舒服。应当注意：塑料花每周要水洗一次，纸花每隔两三个月要更换。另外，尽量不要将假花、假树摆设在顾客伸手可及之处，以免客人发现是假物后大失情趣，甚至连食物都不再觉得美味。

（七）宴会餐桌设计与场地布置

宴会餐桌设计又称"台形设计"，是指酒店宴会部根据宾客宴会形式、主题、人数、接待规格、习惯禁忌、特别需求、时令和宴会厅的结构、形状、面积、空间、光线、设备等情况，设计宴会的餐桌排列组合的总体形状和布局。其目的是：合理利用宴会厅的现有条件，表现主办人的意图，体现宴会的规格标准，烘托宴会的气氛，便于宾客就餐和席间服务员进行宴会服务。无论是多功能厅，还是小型的专门宴会厅，无论是一个单位举办宴会，还是多个单位在同一厅内举办宴会，都必须进行合理的台形设计。每一个宴会都有不同的布局，所以宴会厅场地的安排方式也就无法一概而论。由于宴会厅中并未设置固定桌椅，而是依照各种不同的宴会形式进行摆设，所以同一场地可依顾客不同的要求摆设成多种形式。

大酒店的宴会部通常都会预备有数种不同的宴会厅摆设标准图，以供客人作为选择时的参考依据。为示精确，这些摆设的基本图形事先都必须经过一番谨慎的计算并经实际采用后，才推荐给客人，完善的标准图更是通过电脑测试绘制而成。一般而言，酒店应尽量推荐选用标准安排，若顾客有特殊要求，酒店应尊重其意见，并且综合考虑现场场地情况，以完成符合客人要求的适当布置。如果该项需求因受场地限制而有执行上的困难时，酒店应据实相告，与顾客进行沟通，设法提出可行并使其满意的摆设方式。

宴会厅使用什么样的家具非常重要，尤其是桌椅类型的选择。由于宴会厅的桌椅必须根据宴会类型的不同以变更场地的布置，所以在桌椅选择方面，应该考虑安全性、耐用性以及桌椅所能承受的重量，具体可参考如下原则（见表6-1、表6-2）：

（1）所有桌子的高度必须统一规格化。一般都采用70—76厘米高的桌子，若选用74厘米高的餐桌，则全部桌子的高度均应为74厘米。

（2）最好全部采用同一种品牌，以避免不同品牌的桌子在衔接时产生高低不一的情况。

（3）采用桌面与桌脚合一的餐桌，即桌脚能与桌面一起收起的餐桌，而不要使用两件式餐桌（桌脚与桌面分开的餐桌）。

（4）各种桌面大小尺寸应规格化，彼此之间要能完全衔接。

（5）须考虑安全性及耐用性。每张桌子都应能承受一定的重量。

（6）须设计适合各种不同桌型及椅子大小的推车来协助搬运，以减少搬运时的危险性及员工体力的负荷。

（7）椅子以可叠放在一起者为佳，最好能十张一叠，置放于仓库时不占空间。

（8）椅子不能太笨重，以免叠起后因重量过重而倾斜，造成危险。

表6-1　宴会厅桌椅品种表

名　称	规　格	说明或作用
桌面	直径 1.8 米	此桌面没桌脚，可放置在较小的圆桌上，或于酒会时根据布置的需求置于其他餐桌上
	直径 2.03 米	仅有桌面，可与其他桌子并用。若客人欲加设位置时，此桌面座位最多可容纳 14 人
圆桌	直径 1.83 米，高 0.74 米	国际标准桌，中餐可坐 12 人，西餐可坐 8—10 人
	直径 1.5 米，高 0.74 米	可坐 10 人，并可与其他较大桌并用
	直径 1.07 米，高 0.74 米	可坐 4 人或 5 人，适用于小型宴会或酒会，摆设于场地中间以放置小点心或供宾客摆放杯盘
	直径 2.44 米，高 0.74 米	可坐 16 人，为方便搬运及储存，通常将两张并成一桌
	直径 3.05 米	可坐 20 人，通常拆成 4 张半径为 1.5 米的 1/4 圆桌，以方便搬运及储存
半圆桌	直径 1.5 米，高 0.74 米	举行西式宴会时，可与长桌合并成一张椭圆桌
1/4 圆桌	直径 1.5 米，高 0.74 米	可与长桌并成 U 形桌，4 张合起来，可成为一张直径为 1.5 米的圆桌
蛇台桌	高 0.74 米	酒会时，用以摆设成 S 形餐桌
双层餐台		可当作吧台或色拉台，不使用时可折叠起来，较不占空间
大长桌	长 1.83 米，宽 0.76 米，高 0.74 米	适合西式宴会，可作为主席台、接待桌、展示桌
小长桌	长 1.83 米，宽 0.46 米，高 0.74 米	国际标准会议桌，每张可坐 3 人
四方桌	边长 0.91 米，高 0.74 米	可用来加长长方桌，也可作为 2 人套餐桌或 4 人自助餐桌
	边长 0.76 米，高 0.74 米	可用来加长长桌或作为情侣桌
玻璃转圈	直径 0.4 米	置于桌面正中、玻璃转盘下方
玻璃转盘	直径 1.1 米	适用于直径为 2.03 米的 14 人坐的桌面
	直径 1 米	适用于直径为 1.83 米的圆桌，使用强化玻璃较安全
木头转盘	直径 1.52 米	用于直径为 2.44 米、16 人坐的台面，易保管，不易碎
	直径 2.13 米	适用于直径为 3.05 米、20 人坐的台面
椅子		由于宴会厅是多功能场地，故须多准备
婴儿椅		须备置，以应客人不时之需

表 6-2　宴会厅其他家具品种表

名　称	说明或作用
桌推车	搬运长方桌的推车，可放置 25 张大长桌或 50 张小长桌；搬运圆桌的推车，可放置 10 张圆桌
椅推车	根据椅子大小定做，椅子以 10 张为一叠置于其上，方便搬运
玻璃转台车	每部车可放 30 个玻璃转台，轮子必须能够承受重量
桌布车	长 1.2 米，宽 0.9 米，高 1 米，用以运送脏桌布送洗，并将干净桌布运回
舞池地板	每块长、宽均为 0.92 米，可组装成各种尺寸的舞池
舞池地板车	每部车可装 22 片舞池地板
舞池边板	将舞池四周固定，使其不容易滑动
舞台	长 2.44 米，宽 1.83 米，高度有 0.4 米、0.6 米、0.8 米三种，同一组舞台设有两种高度，可根据场地要求进行调整
舞台阶梯	3 个台阶适用于 0.6 米或 0.8 米高的舞台，两个台阶适用于 0.4 米或 0.6 米高的舞台，舞台左右两边各放一个
移动式酒吧	举行酒会或宴会时使用，另须增设一些辅助桌以放置杯子
屏风	宽 2.4 米，高 1.2 米，主要作为临时隔间用
托盘服务架	可折叠式服务架，服务员在服务时当作托盘架使用，不用时可随时收起
四方托盘	长 54 厘米，宽 38 厘米，供服务人员进出厨房端菜或清理使用过的碗盘并送至洗碗区时使用，须用防滑托盘
圆形托盘	直径为 35.6 厘米，服务人员为客人服务时所使用的托盘，须使用防滑托盘
钢琴	演奏型，用于大型宴会或演奏会，直立式于一般社团例会时使用
旗杆、旗座	供客人悬挂旗帜或用于公司产品的促销活动
桌号牌（架）	大型宴会编排桌号时使用
红地毯	根据宴会厅的需求量定做。地毯宽度一般为 1.5 米，长度则根据宴会厅行礼的长度定做
服务车	作为服务时的辅助台，或在推餐具出来摆设时使用
海报架	用以提供指引，须根据宴会厅的厅房数来决定海报架的数量
烟灰缸	采用铜制或不锈钢制站立式烟灰缸，一般置于酒会会场四周供客人使用
沙发	采用设计较为轻巧且容易搬动的沙发，在举行小型宴会或接待 VIP 时，供客人休息之用
茶几	采用设计较为轻巧且容易搬动的茶几，在举行小型宴会或接待 VIP 时，供客人休息之用
吸尘器	供宴会结束时立即清理现场时使用
塑胶大冰桶	大型宴会上提供冰酒水时使用
银器柜	采用带有轮子、可以推动的银器柜，存放像刀叉那样的银器
多用途餐车	进行摆设工作或送菜时使用，长 1.6 米，宽 0.85 米，高 1 米
平台搬运车	供客人或员工搬运较重物品时使用

【知识链接】

香格里拉——上海浦东嘉里酒店①

上海浦东嘉里大酒店拥有城中最大的酒店宴会及会议场地，可为活动组织者和会议策划者提供超过 7300 平方米的会议专用空间。它包括 26 间多功能厅和两个宴会厅，一个位于三层的 195 平方米露天阳台（由此可纵览整个嘉里城的综合设施），一个位于五层的 700 平方米户外屋顶花园（由此可欣赏到世纪公园的葱郁风景）。另外，它还与上海最大的贸易展览场地之一——超过 30 万平方米的上海新国际博览中心 SNIEC 相毗邻，酒店天桥更是直通嘉里城大型高档购物商城，酒店周围交通也非常便利。

无论是要举办全球性会议、高层董事会，抑或是盛大庆典活动，酒店专业宴会及会议统筹服务团队、经验丰富的烹饪厨师和训练有素的宴会服务队伍都能为您确保活动的成功举办。另外，酒店还有专业会议经理、一名会议管家和技术人员随时为您提供会议策划建议及服务。

此外，酒店还提供办公及商务中心，16 间设备齐全的服务式办公室和 4 间会议室供您选择并保证 24 小时运作，以满足商务旅行者和客人的需求。

由巴里的 ARA 设计的上海浦东嘉里大酒店的宴会及会议场地，大气雅致，其形状各异的水晶吊灯更是引人注目：3 楼自动扶梯口配有盛开的半透明花瓣吊灯，仿若在喜迎八方来客；上海大宴会厅休息前厅装有 18 米长的抽象巨龙水晶吊灯，唯美高贵；而最令人惊奇的则是上海大宴会厅的水晶灯，宛若栩栩如生的金鱼在宴会厅上方游动。

酒店的设计将豪华的亚洲风情表现得淋漓尽致。客人可从多样中式艺术品和家具中感受到一缕安逸、一份舒适。无论是量身定做的镶板玻璃，还是间隔两个宴会厅的皮制浮雕木门，抑或是自然哑光榆木镶板，又或是浅色调大理石墙壁和天花板，无不彰显着优雅、精致。

一、上海大宴会厅和浦东大宴会厅

上海大宴会厅和浦东大宴会厅（见图 6-1、图 6-2）位于酒店三层，两者可连通，是上海浦东嘉里大酒店的核心会议设施产品。

受中国哲学信仰"阴和阳"的启发，上海大宴会厅和浦东大宴会厅每个厅的设计既保有和谐通透连体空间，又留有独特元素。宴会厅的 9 个吊灯由近 6000 片从捷克进口

---

① 资料来源：http://travel.sina.com.cn/hotel/2012-02-28/1729169819.shtml。

图 6-1　上海大宴会厅

图 6-2　浦东大宴会厅

的 Lasfite 手工水晶串接而成,仿如一群翩翩嬉戏游玩的金鱼,点缀在整个浩瀚的上海大宴会厅中,完美地呈现出女性的俏皮柔美。而浦东大宴会厅的 3000 个玻璃棒则优雅强劲,完美展现出男性的刚性特质。

上海大宴会厅总面积达 2230 平方米,高 9 米,可容纳 2800 人的剧院式会议和 1600 人的宴会,是上海最大的酒店无柱宴会厅。客人可在休息前厅充分享受自然光照。

上海大宴会厅还可拆分为 3 个小厅,配有先进的内置液晶投影设备及 5 个电动宽屏投影幕。长 5.5 米、宽 2.5 米、高 2.4 米的大型电梯可承载重达 8 吨的货物,能够将汽车从酒店地下室直接运载至三楼宴会厅,是理想的重型运送设备。

上海大宴会厅前的走道亦可拆分为两个小厅,一方通往室外露天花园,另一方经 8 米长的通道连接 1018 平方米的浦东大宴会厅,可对前往两大宴会厅的客人进行分流。

二、上海大宴会厅主题布置

浦东大宴会厅可分为 7 间会议室,每间都设有独立入口。宴会厅外宽敞的走道为参加宴会及会议的客人提供了舒适空间。

上海浦东嘉里大酒店提供以下会议设施设备:两大宴会厅、各多功能厅及公共区域均配有高速宽带和无线网络,两大宴会厅配有专业先进的内置液晶投影设备及可移动宽显示投影幕,远程可视会议设施,同声翻译设备,多功能会议音响系统,便携式扩音系统,数据投影仪,便携式舞台,中央控制灯光系统,可移动隔板等。

另外,还可根据需要提供其他设备,如平面等离子电视、液晶投影仪、DVD 播放器等。

◆── 任务二　宴会声光设计 ──◆

一、宴会声音环境的设计

（一）背景音乐

在宴会厅中，每天都有大量的顾客流动，这不可避免地产生各种声音，如顾客的脚步声、顾客间的交谈声、顾客与服务员的回答声、用餐的餐具声……这些声音与店内的一些嘈杂声音、店外人流车马声交织在一起，汇聚成一片令人心烦意乱、注意力分散的噪音。为了消灭噪音污染，创造"宾至如归"的气氛，真正使顾客获得"家"一样舒适、安宁的感受，改善顾客的心绪和用餐环境，优雅适宜的音乐起到了关键性的作用。音乐给人以美的享受，不仅能减弱噪音，而且能以悦耳的旋律让宴会厅环境变得柔和亲切，使顾客趋于安定轻松。

1. 音乐的选择

（1）西洋音乐。西洋音乐代表一定的西洋文化，可以使人的心灵在优美的音乐中得到放松，情绪得到陶冶，身体得到放松，因此受到顾客的欢迎。西洋音乐的演奏需要的人数较少，如钢琴演奏只需 1 人，小型乐队只需 3—5 人。

西洋音乐一般包括：①轻音乐。轻音乐起源于歌剧，19 世纪盛行于欧洲各国。它能创造出一种轻松明快、喜气洋洋的气氛。②爵士乐。爵士乐起源于美国，具有即兴创作的音乐风格，表现出顽强的生命力，给人以振奋向上的感觉。爵士乐常由萨克斯管手配合小型乐队演奏，它能激发赴宴客人的情感，创造出兴奋感人的场面。

（2）民族音乐。我国的民族音乐具有悠久的历史，种类繁多，不但受到国人喜爱，而且深受国外客人的欢迎。有民族音乐演奏的宴会厅，其主体环境多以中国民族特色来装饰。

2. 音乐的选择要求

音乐是就餐时不可缺少的助兴工具。一桌丰盛的佳肴，如果配上优雅舒适的音乐，会使宴会活动锦上添花，给顾客带来美的享受。因此选择适宜的音乐显得尤为重要。

（1）音乐选择要与宴会主题相一致。

（2）音乐选择要满足与宴者生理舒适的要求。

（3）音乐选择要符合宴饮者的欣赏水平。

（4）音乐选择要与宴饮环境相协调。如"红楼宴"播放《红楼梦》主题音乐，"毛氏菜馆"播放《东方红》《浏阳河》等。

（5）注意乐曲顺序的安排。国宴演奏的乐曲分为两大类：一是仪式乐曲，常用的有《中华人民共和国国歌》《团结友谊进行曲》；二是席间演奏乐曲，常采用《花好月圆》《祝酒歌》《步步高》等。宴会上演奏的乐曲要热情、优美、欢快、抒情，而且音量适中，使宾主既能听到乐曲又不影响交谈。

3. 音乐的作用及注意事项

（1）音乐与服务员。音乐可直接提高服务员的工作效率，使服务员精神焕发、热情洋溢。

（2）音乐与顾客。音乐能消除顾客的戒备心理，使顾客进入一种悠闲自得的轻松用餐心态，并与经营者产生共鸣。音乐具有促销的潜在功效。

（3）音乐佐餐从其功能性方面分析，具有调整情绪、舒缓精神压力、解除身心疲劳、恢复精力体力的功效。

（4）在运用音乐时，音量调节必须适当，音量过大会适得其反，过小则不起效果。一般以顾客和服务员能听见，且不影响顾客的交谈为宜。

（二）音响设置

各类宴会厅具备专业的音响扩声系统、先进的多媒体显示系统、丰富的舞台灯光照明系统以及智能化的集中控制系统，为召开婚庆活动、公司聚餐、大型集会、各类会议、学术报告、观看电影、举办中小型文艺演出等活动提供卓越的音质效果、清晰的画面显示以及简单便捷的集中控制。

宴会厅的音响扩声系统，可以分为会议系统和扩声系统两部分。

（1）会议系统一般具有发言讨论等时下流行的现代化会议功能。发言讨论的席位可以根据会议的规模任意增减，最多可实现数百人参与的大规模会议讨论。同时，会议系统还具有多种发言模式，如先话者优先、后话者优先、主席独控、计时讨论、自由讨论、声控、手动等，为与会人员提供更为便利的会议方式。

（2）宴会厅内的扩声系统主要是为播放电影、文艺演出提供优良的声音效果。通常根据厅堂的面积大小、功能的需求来选择十几只乃至几十只扬声器进行扩声。此外，系统中还应包括有线话筒、无线话筒、DVD 机等音源设备以及调音台、数字音频处理器、均衡器、效果器等控制、处理设备，根据宴会厅的功能需求适当增减。

【知识链接】

宴会厅背景音乐库（节选）[①]

一、萨克斯音乐

《回家》《茉莉花》《昨日重现》《单身情歌》《月亮代表我的心》《永远的微笑》《绿岛小夜曲》《九百九十九朵玫瑰》《雨一直下》《罗密欧与朱丽叶》《美酒加咖啡》《爱我的人和我爱的人》《天亮了》《卡撒布兰卡》《何日君再来》《亲密爱人》《感伤泪

---

① 资料来源：http://wenku.baidu.com/linkurl=cVcMxogCEQKyVQrzlESCCXe3YG1V6i6Jk6X7HFP1Q1Q7Af2qAxzu5H9bmCH8LQqgOhXCrIbtSw2u0wJf7kq3mns5zAIKyKfphghbAz3vXe。

的小雨》《草帽歌》《几时再回首》《永浴爱河》《今晚你寂寞吗》《味道》《把心留住》《永远的爱春风》《樱花恋》《黄玫瑰》《风凄凄意绵绵》《静夜》《绿袖子》。

二、理查德钢琴曲

《秋日的私语》《爱的故事》《爱的纪念》《爱的协奏曲》《爱情的故事》《爱人的旋律》《爱有多深》《爱之梦》《奔放的旋律》《不论今宵或明天》《出埃及记》《第凡内早餐》《在水一方》《真诚爱你》《直到永远》《蓝色的爱》《蓝色回旋曲》《恋爱中的女人》《乱世佳人》《罗密欧与朱丽叶》《玫瑰色的人生》《绿野仙踪》《我只在乎你》《卡农》。

三、婚宴歌曲

《如果爱》《浪漫满屋》《爱我》《As Long as You Love Me》《Season in the Sun》《It is OK》《今天我要嫁给你》《给你幸福》《Kiss the Rain》《I Miss You》《Craigie Hill》《Only Love》《恋爱频率》《Love to be Loved by You》《出嫁》《You Mean Everything to Me》《My Love》《我会永远爱你》《今天》《屋顶》《Love Story》《That's Why》。

二、宴会光环境的设计

光线是宴会气氛设计应该考虑的最关键因素之一，因为光线系统能够决定宴会厅的格调。在灯光设计时，应根据宴会厅的风格、档次、空间大小、光源形式等，合理巧妙地配合，以营造优美温馨的就餐环境。

（一）宴会厅照明知识

（1）保障活动进行。照明最基本的功能是为各种活动现场提供所必需的亮度。活动时间越长，工作越精细，亮度要求越高。

（2）改善空间关系。不同照明使室内变得有虚有实，增加空间感染力。明亮的空间显得大，暖色灯光显得温暖，吸顶灯使空间高耸。

（3）渲染空间气氛。亮度适当的光线使空间柔和、安静，昏暗的光线增加空间私密性。水晶灯富丽堂皇，色彩灯光使气氛活跃、生动，有节日气氛。

（4）体现风格特色。不同的灯具能够营造不同的风格和特色，如宫灯是古建筑的装饰，景德镇白瓷薄坯灯罩则具有独特的瓷都风格。

（5）影响身心健康。长时间光线暗淡使人精神疲劳、情绪紧张、视力下降。

（二）宴会厅光线类型

宴会厅使用的光线种类很多，不同的光线有不同的作用，宴会厅采用何种光源，受建筑结构、酒店档次、装潢风格与经营形式的制约。宴会厅中光线的使用类型有以下几种：

（1）白炽灯光是宴会厅使用的一种重要光线，能够突出宴会厅的豪华气派。这种光线最容易控制，食品在这种光线下看上去最自然。而且调暗光线，能增加顾客的舒适感。

（2）烛光属于暖色，是传统光线，采用烛光能调节宴会厅气氛，这种光线的红色火焰能使顾客和食物都显得漂亮，适用于西式冷餐会、节日盛会、生日宴会等。

（3）彩光是光线设计时应该考虑到的另一因素。彩色的光线会影响人的面部和衣着，如桃红色、乳白色和琥珀色光线可用来烘托热情友好的气氛。

（4）荧光经济、大方、明亮，但以蓝色和绿色居主导地位，使人的皮肤看上去显得苍白，食物呈现灰色，所以在档次较高的宴会厅一般不采用荧光灯。可以在中低档宴会中使用，起到节约能源、显示平和氛围的作用。

（5）自然光透明度高，客人能一目了然地看到餐厅的菜品、环境、气氛和服务状况，使其产生一定的吸引力。宴会厅如果临街、靠窗，有落地玻璃窗门，可采用自然光，将人与自然景物联系在一起，扩张丰富酒店的空间。为避免阳光直射，可用薄窗帘。如果餐厅外有大阳台、草坪，让客人在大自然光线的沐浴下就餐，也就构成了当下最流行的室外宴会的形式。

（三）宴会厅光线布局

在现在的宴会设计工程案例中，不难发现各式各样的灯光主题贯穿其中，营造出不同的气氛及多重的意境。照明类型大致可分为以下几种：

1. 一般照明

一般照明也称为"背景照明"或"环境照明"，是一个照明规划的基础，指的是充满房间的非定向照明，为空间房间中所有活动创造一个普遍充足的照明基础。

2. 重点照明

重点照明也称"装饰照明"，是指定向照射空间的某一特殊物体或区域，以引起注意的照明方式。它通常被用于强调空间的特定部件或陈设，例如建筑要素、构架、人物、装饰品及艺术品等。

3. 焦点照明

焦点照明也称"任务照明"，是一种定向照明，用于完成特殊活动，如活动主办人、发言人的定向追光。它创造一个吸引我们注意力的亮点，告诉我们该看什么，或把我们的视点确定在空间的重要元素或活动中心上。

◆── 任务三　宴会色彩设计 ──◆

一、色彩基础知识

（一）色彩的种类

（1）三原色：红、黄、蓝。

（2）二次色：三原色之间的颜色，如橙色、绿色、紫色。

（3）三次色：三原色与二次色之间的颜色，又称再间色，如红橙色、黄绿色、蓝绿色、蓝紫色等。

（二）色彩三要素

1. 色相

色相，顾名思义即色彩的"相貌"，不同颜色呈现出不同的"相貌"，如红、橙、黄、绿等，也就是颜色的种类和名称，它是色彩显而易见的最大特征。

自然界的色彩难以数计，许多色彩也难以叫出它的名称，只能大致地说：这是偏黄的灰绿，那是暗枣红等。观察色相时要善于比较，即使相似的几块颜色，也要从中比较出它们不同的地方，如红颜色有朱红、曙红、玫瑰红、深红的区别，同时又要分辨出朱红（红中偏黄）、大红（红中偏橙）、曙红（红中偏紫）、玫瑰红（红中偏蓝）、深红（红中带黑）的不同色相；再如黄色有淡黄（黄中偏白）、柠檬黄（黄中偏绿）、中黄（黄中偏橙）、土黄（黄中带黑）、橘黄（黄中带橙）；蓝色有钴蓝（蓝中带粉）、湖蓝（蓝中带绿）、群青（蓝中带紫）、普蓝（蓝中带黑）等（见图6-3）。

2. 色度

色度系指色彩的明度和纯度。

（1）明度，即颜色的明暗、深浅程度，指色彩的素描因素。它有两种含义：一是同一颜色受光后的明暗层次，如深红、淡红、深绿、浅绿等；二是各种色相明暗比较，如黄色最亮，其次是橙、绿、红，青较暗，紫最暗。画面用色必须注意各类色相的明暗和深浅（见图6-4）。

（2）纯度，是指一个颜色色素的纯净和浑浊的程度，也就是色彩的饱和度。纯正的颜色中无黑白或其他杂色混入。未经调配的颜色纯度高，调配后，色彩纯度减弱。此外，用水将颜料稀释后，水彩和水粉色亦可降低纯度，纯度对色彩的面貌影响较大。纯度降低后，色彩的效果给人以灰暗或淡雅、柔和之感。纯度高的色彩较鲜明、突出、有力，但显得单调刺眼；而混色太杂则容易显脏，色调灰暗（见图6-5）。

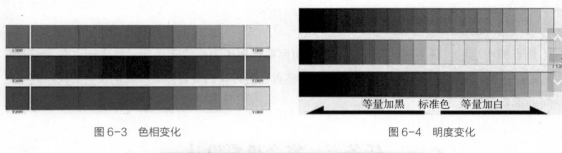

图6-3　色相变化　　　　　　　　　　　　　图6-4　明度变化

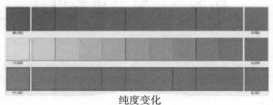

纯度变化

图6-5　纯度变化

3. 色性

色性即色彩具有的冷暖倾向性。这种冷暖倾向是出于人的心理感觉和感情联想。暖色通常指红、橙、黄一类颜色。冷色是指蓝、青、绿一类颜色。所谓冷暖，即红、橙、黄一类颜色较易使人们联想起生活中的火、灯光、阳光等暖热的东西；而蓝、青、绿一类颜色则使我们联想到海洋、蓝天、冰雪、青山、绿水、夜色等。生活中物象色彩千变万化，极其微妙复杂，但无论怎么变都离不开冷暖两种倾向，色彩的这种冷暖不同倾向称为色性。

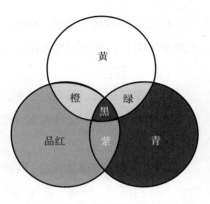

图 6-6　颜料的三原色

色相、色度、色性在一块色彩中是同时存在的。观察调和色彩时，三者必须同时考虑到，要三者兼顾。最好的办法是运用互相比较的方法，才能正确地分辨出色彩的区别和变化，特别是对于近似的色彩，更要找出它们的区别。

（三）常用色彩名词

1. 三原色

绘画色彩中最基本的颜色有三种，即红、黄、蓝，称之为原色。这三种原色颜色纯正、鲜明、强烈，而且其本身是调不出的，但是通过它们可以调配出多种色相的色彩（见图 6-6、图 6-7）。

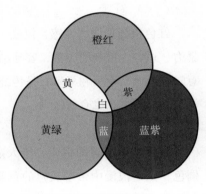

图 6-7　光的三原色

2. 间色

间色是由两个原色相混合得出的色彩，如黄调蓝得绿，蓝调红得紫。

3. 复色

复色是将两个间色（如橙与绿、绿与紫）或一个原色与相对应的间色（如红与绿、黄与紫）相混合得出的色彩。复色包含了三原色的成分，成为色彩纯度较低的含灰色彩。

二、色彩的特性和应用

（一）黑色

黑色象征权威、高雅、低调、严肃、安静、寂静、肃穆、悲哀，也意味着执着、冷漠、防御、忧伤、消极。黑色在菜肴中虽有糊苦之感，但应用得好，能给人味浓、干香、耐人寻味之感。心理学认为，黑色给人压抑及凝重感，同时也会让人有极度权威、表现专业、展现品位和低调的感受。

（二）灰色

灰色象征诚恳、沉稳、考究。其中的铁灰、炭灰、暗灰，在无形中散发出智能、成功、权威等强烈讯息。灰色在菜肴中能缓冲色味的刺激，能降低食欲，起到中和作用。

（三）白色

白色象征明快、洁净、朴实、纯真、清淡、刻板。但白色面积太大会给人疏离、梦幻的感觉。心理学认为，白色有镇静作用，适当的白色能给环境带来一丝不苟、干净利落的舒适感。

（四）蓝色

蓝色象征权威、保守、专业、中规中矩与务实，也有优雅、深沉、诚实、凉爽、素雅的感觉。在宴会环境设计中，蓝色通常应用在商务会议、记者会、科技类企业年会或严肃庄重的讲演中。

（五）褐色

褐色于典雅中蕴含安定、沉静、平和、亲切等意象，给人情绪稳定的感受，但没有搭配好的话，会让人感到沉闷、单调、老气、缺乏活力。在宴会环境设计中，褐色可以应用在一般的公司会议、简单的冷餐会、募捐慈善活动等不想过于招摇、引人注目的活动中。

（六）红色

红色象征热情、性感、权威、自信，是一种能量充沛的色彩。不过有时候它会给人以血腥、暴力、忌妒、控制的印象，容易给人造成心理压力。在宴会设计中，"中国红"表示吉祥喜庆，意味着幸运、幸福和喜事，是传统节日常用的颜色；而在欧洲，即使是相同的红色，由于颜色深浅不一，其寓意也有所区别。

（七）橙色

橙色富于温暖的特质，给人亲切、坦率、开朗、健康的感觉；介于橙色和粉红色之间的粉橘色，则是浪漫中带着成熟的色彩，让人感到舒适、放心，但若是搭配不好，便显得俗气。橙色应用于社会服务项目，特别是需要阳光般的温情时，该色是最适合的色彩之一。

（八）黄色

黄色是明度极高的颜色，能刺激大脑中与焦虑有关的区域，餐饮中给人以丰硕、甜美、香酥的感觉，是能引起食欲的颜色。艳黄色象征信心、聪明、希望；淡黄色显得天真、浪漫、娇嫩。但是艳黄色有不稳定、招摇，甚至挑衅的味道，不适合在任何可能引起冲突的场合如谈判场合使用。黄色适合在任何快乐的场合使用，譬如生日会、同学会等。

（九）绿色

绿色给人无限的安全感受。绿色象征自由和平、新鲜舒适；黄绿色给人清新、有活力、快乐的感受；明度较低的草绿、墨绿、橄榄绿则给人沉稳、知性的印象。绿色的负面意义则包括：暗示了隐藏、被动，不小心就会穿出没有创意、出世的感觉，在团体中容易失去参与感。绿色一般运用于环保、动物保育活动、轻松的休闲聚会中，在搭配上需要其他色彩来调和，不要大面积使用某一种颜色。

（十）蓝色

蓝色是灵性知性兼具的色彩，在色彩心理学的测试中发现几乎没有人对蓝色反感。明亮的天空蓝，象征希望、理想、独立；暗沉的蓝，意味着诚实、信赖与权威；正蓝、宝蓝在热情中带着坚定与智能；淡蓝、粉蓝可以让人完全放松。蓝色在设计上，是应用度最广的颜色，想要使心情平静时，需要思考时，与人谈判或协商时，想要对方听你讲话时，皆可使用蓝色。

（十一）紫色

紫色是优雅、浪漫，并且具有哲学家气质的颜色，同时也散发着忧郁的气息。紫色的光波最短，在自然界中较少见到，所以被引申为象征高贵的色彩。淡紫色的浪漫，不同于粉红小女孩式的，而是像隔着一层薄纱，带有高贵、神秘、高不可攀的感觉；而深紫色、艳紫色则是魅力十足、有点狂野又难以探测的华丽浪漫。当宴会主题想要与众不同，或想要表现浪漫中带着神秘感的时候，可以使用紫色搭配。

【知识链接】

配色方案浅析[①]

一、红色

红色的色感温暖，性格刚烈而外向，是一种对人刺激性很强的颜色。红色容易引起人的注意，也容易使人兴奋、激动、紧张、冲动，还是一种容易造成人视觉疲劳的颜色。

（1）在红色中加入少量的黄，会使其热力强盛，趋于躁动、不安。

（2）在红色中加入少量的蓝，会使其热性减弱，趋于文雅、柔和。

（3）在红色中加入少量的黑，会使其性格变得沉稳，趋于厚重、朴实。

（4）在红色中加入少量的白，会使其性格变得温柔，趋于含蓄、羞涩、娇嫩。

二、黄色

黄色的性格冷漠、高傲、敏感，具有扩张和不安宁的视觉印象。黄色是各种色彩中最为娇气的一种色。只要在纯黄色中混入少量的其他色，其色相和色性均会发生较大程度的变化。

（1）在黄色中加入少量的蓝，会使其转化为一种鲜嫩的绿色，其高傲的性格也随之消失，趋于一种平和、潮润的感觉。

（2）在黄色中加入少量的红，则具有明显的橙色感觉，其性格也会从冷漠、高傲转化为一种有分寸感的热情、温暖。

（3）在黄色中加入少量的黑，其色感和色性变化最大，成为一种具有明显橄榄绿的复色印象，其色性也变得成熟、随和。

（4）在黄色中加入少量的白，其色感变得柔和，其性格中的冷漠、高傲被淡化，趋于含蓄，易于接近。

---

① 资料来源：http://www.wzsky.net/html/Website/Color/116687.html。

三、蓝色

蓝色的色感冷静，性格朴实而内向，是一种有助于人头脑冷静的颜色。蓝色的朴实稳重、内向性格，常为那些性格活跃、具有较强扩张力的色彩提供一个深远、广阔、平静的空间，成为衬托活跃色彩的友善而谦虚的朋友。蓝色还是一种在淡化后仍能保持较强个性的色。如果在蓝色中分别加入少量的红、黄、黑、橙、白等色，均不会对蓝色的性格构成较明显的影响。

四、绿色

绿色是具有黄色和蓝色两种成分的色。在绿色中，将黄色的扩张感和蓝色的收缩感相中庸，将黄色的温暖感与蓝色的寒冷感相抵消，这样使得绿色的性格最为平和、安稳，是一种柔顺、恬静、优美的色。

（1）在绿色中黄的成分较多时，其性格就趋于活泼、友善，具有幼稚性。

（2）在绿色中加入少量的黑，其性格就趋于庄重、老练、成熟。

（3）在绿色中加入少量的白，其性格就趋于洁净、清爽、鲜嫩。

五、紫色

紫色的明度在有彩色的色料中是最低的。紫色的低明度给人一种沉闷、神秘的感觉。

（1）在紫色中红的成分较多时，其知觉具有压抑感、威胁感。

（2）在紫色中加入少量的黑，其感觉就趋于沉闷、伤感、恐怖。

（3）在紫色中加入白，可使紫色沉闷的性格消失，变得优雅、娇气，并充满女性的魅力。

六、白色

白色的色感光明，性格朴实、纯洁、快乐。白色具有圣洁的不容侵犯性。如果在白色中加入其他任何色，都会影响其纯洁性，使其性格变得含蓄。

（1）在白色中混入少量的红，就成为淡淡的粉色，鲜嫩而充满诱惑。

（2）在白色中混入少量的黄，则成为一种乳黄色，给人一种香腻的印象。

（3）在白色中混入少量的蓝，给人清冷、洁净的感受。

（4）在白色中混入少量的橙，有一种干燥的气氛。

（5）在白色中混入少量的绿，给人一种稚嫩、柔和的感觉。

（6）在白色中混入少量的紫，可诱导人联想到淡淡的芳香。

三、色彩与感觉

（一）色彩的空间感

在平面上如想获得立体的、有深度的空间感，一方面可通过透视原理，用对角线、重叠等方法来形成；另一方面也可运用色彩的冷暖、明暗、彩度以及面积对比来充分体现。

造成色彩空间感觉的因素主要是色的前进和后退。色彩中我们常把暖色称为前进色，冷色称为后退色。其原因是暖色比冷色长波长，长波长的红光和短波长的蓝光通过眼睛水晶体时的折射率不同，当蓝光在视网膜上成像时，红光就只能在视网膜后成像。因此，为使红光在视网膜上成像，水晶体就要变厚一些，把焦距缩短，使成像位置前移。这样，就使得相同距离内的红色感觉迫近，蓝色感觉远去。从明度上看，亮色有前进感，暗色有后退感。在同等明度下，色彩的彩度越高越往前，彩度越低越向后。

然而，色的前进与后退与背景色紧密相关。在黑色背景上，明亮的色向前推进，深暗的色却潜伏在黑色背景的深处。相反，在白色背景上，深色向前推进，而浅色则融在白色背景中。

面积的大小也影响着空间感，大面积色向前，小面积色向后；大面积色包围下的小面积色则向前。作为形来讲，完整的形、单纯的形向前，分散的形、复杂的形向后。

空间感在许多设计中就是体量感和层次感，其中有纯与不纯的层次，冷与暖的层次，深、中、浅的层次，重叠和透叠的层次等。这种色的秩序、形的秩序本身就具备空间效应。当形的层次和色的层次达到一致时，其空间效应是一致的。不然，则会形成色彩的矛盾空间。

（二）色彩的大小感

造成色彩大小感的因素也是色的前进感和后退感。感觉靠近的前进色，因膨胀而比实际显大，亦称膨胀色；看来远去的后退色，又因收缩而比实际显小，亦称收缩色。也就是说，暖色以及明色看着大，冷色以及暗色看着小。

（三）色彩的轻重感

色彩的轻重感主要和明度相关。明亮的色感到轻，如白、黄等高明度色；深暗的色感到重，如黑、藏蓝等低明度色。明度相同时，彩度高的比彩度低的感到轻。就色相来讲，冷色轻，暖色重。通常描述作品用到的"飘逸""柔美""稳重"等修饰语，其中都含有色彩重量感的意义。

（四）色彩的软硬感

色彩的软硬感主要与明度和彩度有关，与色相关系不大。明度较高、彩度又低的色有柔软感，如粉红色；明度低、彩度高的色有坚硬感；中性色系的绿和紫有柔和感，因为绿色使人联想到草坪或草原，紫色使人联想到花卉。无彩色系中的白和黑是坚固的，灰色是柔软的。从调性上看，明度的短调、灰色调、蓝色调比较柔和，而明度的长调、红色调显得坚硬。

（五）色彩的明暗感

任何一种颜色都有自己的明暗特征。我们知道色彩的明暗感是由明度要素决定的。而这里讲的却是与色相相关的明暗感，如蓝色比绿色亮，黄色比白色亮。蓝绿、紫、黑不给人以亮感，红、橙、黄、黄绿、蓝、白不给人以暗感，绿则是中性。

（六）色彩的强弱感

色彩的强弱感主要受明度和彩度的影响。高彩度、低明度的色感到强烈，低彩度、高明度的色感到弱。从对比角度讲，明度的长调、色相中的对比色和补色关系有种强感，而明度的短调（高短调、中短调）、色相关系中的同类色和类似色有种弱感。

（七）色相的兴奋与沉静感

色彩的兴奋与沉静主要取决于色相的冷暖感。暖色系红、橙、黄中明亮而鲜艳的颜色给人以兴奋感，冷色系蓝绿、蓝、蓝紫中深暗的颜色给人以沉静感，中性的绿和紫既没有兴奋感也没有沉静感。另外，色彩的明度、彩度越高，其兴奋感越强。

色彩的积极与消极感和兴奋与沉静感完全相同。无彩色系的白与其他纯色组合有兴奋感、积极感，而黑与其他纯色组合则有沉静感。此外，白和黑以及彩度高的色给人以紧张感，灰色及低彩度色给人以舒适感。

（八）色彩的明快与忧郁感

色彩的明快与忧郁感主要受明度和彩度的影响，与色相也有关联。高明度、高彩度的暖色有明快感，低明度、低彩度的冷色有忧郁感。无彩色的白色明快，黑色忧郁，灰色是中性的。从调性来说，高长调明快，低短调忧郁。

（九）色彩的华丽与朴实感

色彩的华丽与朴实感与色彩的三属性都有关联，明度高、彩度也高的色显得鲜艳、华丽，如舞台布置、新鲜的水果等色；彩度低、明度也低的色显得朴实、稳重，如古代的寺庙、褪了色的衣物等。

红橙色系容易给人以华丽感，蓝色系给人的感觉往往是文雅的、朴实的、沉着的。但漂亮的钴蓝、湖蓝、宝石蓝同样给人以华丽的感觉。以调性来说，大部分活泼、强烈、明亮的色调给人以华丽感，而暗色调、灰色调、土色调给人以朴素感。

从对比规律上看，以上这些色彩感觉的划分都属一种相对概念。比如一组朴实的色放在另一组更朴实的色彩旁，立刻就显出相对的华丽来。当然，这些客观特征也带有很大的主观性心理因素。比如对华丽的理解，有人认为结婚、过年时用的大红色是华丽的，有人则认为宫殿里的金黄色是华丽的，也有人认为晚礼服的深蓝是华丽的。色彩心理的分析是不能一概而论的，只能在普遍意义上进行归纳、总结，所以，色彩在宴会环境设计中的应用，必须根据多方面的因素综合设计使用。

四、色彩的配色和应用

丰富多彩的色彩空间是宴会设计离不开的要素。如何充分利用色彩，要根据审美、爱好、兴趣、视觉习惯因人而异，但是有一点可以肯定：主色调与配色、色彩与色彩的搭配是有规律可循的，不同的搭配方式可以表现不同的色彩含义（见表6-3）。

表 6-3 不同色调的配色与应用

色 调	配色与应用
华丽色调	主色：酒红色、米色 应用：沙发为酒红色，地毯为同色系更暗的土红色，墙面用明亮的米色，局部点缀金色、银色、红色，如镀金门把手、壁灯架、茶色及金色花瓶、烟灰缸等
娇艳色调	主色：粉红色、白色 应用：大面积的粉红色（粉色系深浅搭配，深色打底，浅色点缀），欧式家具，金色镶边点缀，布衣多采用丝绸缎面，饰品点缀橘红、浅绿
硬朗色调	主色：黑、白、灰三色 应用：黑色底色，灰色为过渡色，白色点缀提亮。在空间中，底部使用黑灰，高处使用白色，家具、饰品可使用蓝色、酒红色
轻柔色调	主色：米色、白色 应用：米色墙面、地面（区别：地面较深而墙面较浅），象牙白家具，浅绿、嫩黄色软装，通过阳光的照射，增强轻柔、淡雅感
高贵色调	主色：玫瑰色、黑色、灰色 应用：黑色、深玫瑰色地毯，玫瑰色、金色镶边沙发，银灰色家具，浅灰色帷幔，渐变灰窗帘，金色点缀
清爽色调	主色：蓝色、白色 / 绿色、白色 应用：蓝色渐变色大面积应用，白色提亮、点缀，银色饰品装饰；绿色渐变色大面积应用，白色提亮、点缀，银色饰品装饰
喜庆色调	主色：中国红等暖色 应用：红色渐变色大面积应用，用少量绿色点缀中国红的喜庆感或者用金色点缀中国红的富贵感
质朴色调	主色：褐色、咖啡色 应用：浅褐色地板，咖啡色或木纹家具，亚麻、棉织布软装，点缀装饰品多用陶器、石器等
季节色调	主色：绿、橙、黄、白（春、夏、秋、冬） 应用：①根据不同季节，选用季节代表色 ②根据季节特性，选用具有季节代表性的物质进行装饰（树木、阳光、秋收谷穗、白雪） ③根据季节温度特性，选用适应性较强，不同材质、色彩的家具、沙发

【知识链接】

酒店宴会厅配色设计案例

深圳京基瑞吉酒店宴会会议厅

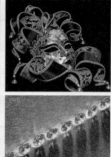

深圳京基瑞吉酒店意大利餐厅

深圳京基瑞吉酒店室内配饰应用

重庆威斯汀宴会会议厅

重庆威斯汀中餐厅

◆── 课后习题 ──◆

一、思考题

1. 宴会光线的使用有哪些类型，如何布局？

2. 照明有哪些作用？

3. 阐述宴会气氛的概念。宴会气氛包含哪些部分？

4. 宴会气氛有什么作用？

5. 色彩有哪三要素？不同色彩的心理、情感有什么作用？

6. 简述色调的分类。有哪些配色？

7. 色彩会带来哪些心理感受？

二、案例分析题

色彩的合理应用

上海某五星级酒店接到了一个日资企业的年会订单。据了解，参加这场宴会的宾客主要是企业各级员工以及相关合作企业高管代表，宴会由知名公司主办。这场宴会规格很高，主办方非常重视，他们特别强调宴会厅应精心布置，要突出该公司形象以及制造相应气氛。酒店管理者考虑到年会选在辞旧迎新的 3 月，也是春天要到来之际，故选用了能代表万物复苏的绿色系列来展示企业欣欣向荣的前景。当主办方宣布宴会开始后，客商们被请到了宴会厅，只见宴会大厅灯火辉煌，整个大厅都透露着生机和活力。每一张宴会桌上都摆放着绿色的水生盆栽，象征着不懈的生机，远远望去，绿油油的，活力十足。客人们按指定座位入座，就在这时，领位员发现，贵宾区的几张桌子前仍有数名客人站着。她走上前去询问缘由，通过翻译得知，那些客人都是日本人，而日本人认为绿色不吉利，不肯入座。随后酒店的总经理向客人道歉，并马上安排服务员将绿色植物换成日本人钟爱的白色玫瑰、百合，客人这才愉快地入座。

思考：

1. 日本人除了忌讳绿色，觉得有不祥之兆外，还不喜欢什么颜色？

2. 根据国内外习俗、习惯，还有些什么颜色是尽量避免的？

三、情境实训

1. 上网查找各类大型酒店宴会厅设计，搜集图片，并分析各类设计适合哪种类型的宴会。

目的：增强学生对宴会厅设计的了解，通过搜集分析更熟练地掌握宴会环境设计要素。

要求：根据搜集的宴会环境设计信息，分析四到五个优秀的宴会气氛、配色的成功要素。

2. 选择当地四星、五星级酒店，调查宴会部最有影响力的宴会厅环境设计，并对其设计进行比较分析。

目的：通过调查分析使学生了解宴会厅环境设计在实际中的应用情况。

要求：小组调查，提交报告，选择本地四星级以上酒店。

项 目 七
宴 会 宣 传 设 计

【项目导读】

本项目有三个任务：任务一是宴会成本控制，阐述了宴会成本的构成、宴会成本控制系统和宴会成本控制方法；任务二是宴会宣传方法，阐述了广告宣传、口碑宣传、食品宣传、赠品宣传和绿色宣传；任务三是宴会促销设计，阐述了设立宴会销售组织、制订宴会营销计划和宴会促销的方法。

【学习目标】

1. 知识目标：了解宴会的成本知识、宣传知识和促销知识；理解宴会的宣传和促销方法；掌握宴会成本控制的方法。

2. 能力目标：理论联系实际，根据宴会产品的特点并针对不同类型的宴会选择相应的促销方法。

3. 素质目标：让学生掌握不同宴会的宣传方法，并能有所创新，从而培养学生的创新能力。

宴会宣传是宴会部门日常运营的一项常规工作，也是增加宴会部门效益的一个有效手段。一个好的宴会宣传设计，能让顾客了解宴会产品，增加企业收益，还可以提高企业知名度。

◆── 任务一　宴会成本控制 ──◆

就酒店餐饮部门的经营而言，宴会厅经营的好坏极大地关系到整个餐饮部门的财务收入。一般较具规模的宴会厅，其营业额经常占餐饮部门营业收入的 1/3—1/2。由于宴会的档次高，食品原材料成本所占的份额很小，因此销售毛利率极高，可达 70% 以上，里面包含的纯利润也很高。由此可知宴会厅在餐饮部营业总收入中的比重之大、影响之大，倘若不妥善地对宴会厅经营成本进行合理有效的控制，势必会导致成本大幅增加，甚至可能产生亏损。

目前多数宴会管理人员把大部分的精力用于宴会经营方面，整日忙于菜点生产和宴会服务，而对于食品生产销售的成本控制较少关注，并且认为只要能够把客人迎进来、送出去，在服务上过得去就算不错了。时而有这样的情形：有些名闻遐迩的大酒店一向以良好的设施、风格和服务获得佳誉，然而深入其中，却出乎意料，这些酒店尽管有好的名声，但其食品及饮料成本却极高，宴会利润收益较低。其根本原因是酒店在宴会成本控制方面措施不力，致使其收益大大低于应有的标准。国内还有许多大型酒店、宾馆，节假日各种宴会爆满，宾客盈门，但由于疏于成本管理和控制，造成宴会食品的大量浪费，生产效率很低，经营秩序混乱，甚至出现亏损。因此，只重视经营而忽视控制是不完整的管理，必然要损害企业和职工自身的利益。宴会的成本控制应该引起酒店管理人员的足够重视，它是控制酒店产品成本、提高酒店经济效益的必要手段。

一、宴会成本构成

宴会成本分可控成本和不可控成本。可控成本又称变动成本，是指被宴会部的行为所制约的成本，如宴会的菜品原料成本，饮料成本，人工成本，水、电、燃料费，低值易耗品，修理费，管理费，广告和推销费用等。不可控成本又称固定成本，指无法通过主观努力施加控制的成本，如折旧费、税费、贷款利息、租赁费等。宴会成本控制是一个系统工程，若要对宴会成本进行全面控制，其关键是要抓住生产经营和生产要素的控制（见表7-1）。

表7-1 宴会成本构成表

构成类型	构成内容
原料成本	主料、配料、调料成本
人工成本	宴会经营中所耗费的人工劳动的货币表现形式，包括工资、养老金、失业金、医保金、公积金、住房补贴金及员工各种福利补助等
生产成本	宴会经营中的各种费用，如水电费、燃料费、设施设备、物料用品费、洗涤费、办公用品费、交通费、通讯费、器皿消耗费、贷款利息等
销售成本	宴会菜品销售中的费用，如公关费、推销费、广告费等

二、宴会成本控制系统

从成本管理的角度看宴会部产品成本高、经济效益低的原因，主要是责任不清、措施不力、管理不严。为了有效地控制宴会成本，避免出现某一个环节成本控制严格，另一个环节成本流失严重，导致成本并没有得到真正控制的局面，必须对宴会成本进行全面控制，确保企业在盈利的情况下经营，以堵住每一个环节、每一个成本漏洞。为了方便、直观、简洁地了解宴会成本控制系统，用图7-1来表现宴会成本控制的内容结构。

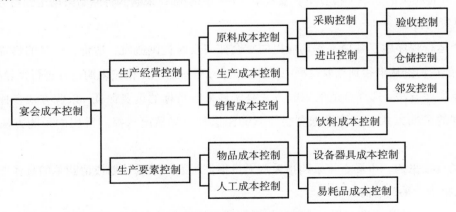

图7-1 宴会成本控制的内容结构

在全面控制宴会成本的同时，应抓住主要成本因素，即食品原料成本。引起食品原料成本过高的原因主要有两个，即低效率和浪费。例如，存放在食品储藏室内的食品原料会因温度过高而变质，饮料会因瓶盖未拧紧而变坏，从而导致成本上升；厨师做了一道不能吃的牛排，也会使成本上升，因为不能吃的牛排最终是要被扔进垃圾桶的，生产的成本增加了，却未销售出去，未带来相应的收入。由于利润是销售额与成本的差额，成本增加，而销售额却未增加，利润就会减少。因此，宴会管理人员必须采取措施，防止成本增加。

三、宴会成本控制方法

（一）食品原料成本控制

1. 菜单计划

由于食物成本在宴会厅经营成本中占有一定比率，所以适时更换固定标准菜单中因时节替换而导致材料价格上涨的菜品便成为有效降低食物成本、提高宴会部门盈利能力的方法之一。因此，宴会厅通常根据食品原料出产的季节性，事先设计各式标准菜单供顾客选择。倘若有更换菜色的必要，仍应在成本范围内做更换，以有效控制食物成本，避免无谓浪费。

2. 采购

宴会采购就是参照宴会既定的物资定额（包括消耗定额和仓储定额），在规定的时间内，按质、按量采购所需的物资，以保证宴会经营活动的正常运转。

（1）采购的基本程序。具体包括以下三个步骤：

①确定采购程序。采购程序是采购工作的核心之一。实施采购首先应制定一个有效的工作程序，使从事采购的有关人员都清楚应该怎样做、怎样沟通，形成一个正常的工作流程，使管理者利于履行职能，知道怎样去控制和管理。酒店物资采购程序大致包括以下几个环节：宴会部相关人员或仓库管理人员根据经营需要填写请购单；由采购经理通盘考虑，对采购申请给予批准或部分批准；采购部根据已审核的采购申请向供货商订货，并给验收部、财务部各送一份订货单，以便收货和付款；供货商向仓库发送所需物资，并附上物资发货单；仓库经检验，将合格的物资送到仓库，并将相关的票单（检收单、发货单）转到采购部；采购部将原始票据送到财务部，由财务部向供货商付款。

在整个运行程序中，各项工作均应以向宴会部门及时提供适质、适价、适量的物资为唯一目标，宴会部在物资从申领到领取过程中都负有责任，管理者应严格按采购过程进行督导和管理。

②选择采购方法。选择合适的采购方式是实现采购目标的重要保证。采购方式多种多样，采用什么样的采购方式，应该根据宴会经营的需求和市场情况选择。常用的采购方法有以下几种：

A. 市场直接采购。市场直接采购指采购人员根据批准的采购计划或请购单的具体要求，直接与供货商接洽，采购所需物资。

B. 预先订货。酒店采购部根据采购计划及请购单的要求，确定供货商，与之签订订货合同，使之在规定的时间内将所规定的品种、规格和数量的物资送到酒店的指定地点。

C."一次停靠"采购法。酒店选择一家实力雄厚、供应物资品种齐全的物资供应公司，以批发价提供酒店业务所需的几乎全部原料物资或者属于同一类的各种原料物资。

D.集中采购。集中采购是酒店集团常用的一种采购方法，它是指两家以上酒店联合成立物资采购中心，统一为各酒店采购经营中所需的物资。具体做法是：各酒店将需采购物资报给采购中心，采购中心将各酒店的同类需求物资汇总并向供货商订货，统一验收后分送到各酒店。

集中采购的优点是：一次购买量大，可以享受价格优惠；便于与更多的供应单位联系，物资品种、质量有更多的挑选余地；能减少各酒店采购员徇私舞弊的机会。

集中采购也有不足，主要表现在：各酒店或多或少要被迫接受物资采购中心采购部分物资，不利于酒店按自己的特殊需要进行采购；酒店不得不放弃当地可能出现的廉价物资；集中采购不利于酒店标新立异，不利于创造自己的风格。

E.招标采购。招标采购是一种由使用方提出品种、规格等要求，再由卖方报价、投标并择期公开开标，公开比价，以符合规定的最低价者得标的一种买卖契约行为。其优点是公平竞争，可以使买者以合理的价格购得理想的货品，并可杜绝徇私、防止舞弊；缺点是手续较烦琐而费时，不适用于紧急采购与特殊规格的货品。

F.竞争报价采购。竞争报价采购是采购人员将需要采购的物资通过几个供货商的报价提取样品，从中选取质优价廉的货品为采购对象的一种采购方法。

G.成本加价采购。当某种物资的价格涨落变化较大或很难确定其合适价格时，可以使用这种方法，这种方法是在供货单位和采购单位双方都不能把握市场价格的动向下采用，即在供货单位购入物资时所花的成本酌情加上一定百分比，作为供货单位的盈利。对供货单位来说，这种方法减少了因价格骤然下降可能带来的亏损危险。

③加强采购凭证管理。设专人专门保管各类凭证，包括供货者的交货通知单、发票、运单、各种费用单据、订购合同、请购单、订货单等。定期将采购凭证按日期装订成册并加具封面，按时归档。凡属因质量差、数量差、价格差等问题所提出的全部或部分拒付理由书，应该附在有关凭证之后。凡向供货商提出索赔的书面异议书，应由采购部门的经办人员妥善保管，以便进一步与供货商协商解决。未经使用的空白购进凭证，如收货单，应由进货部门经办人员妥善保管，防止丢失，并不得私自撕毁和处理。

（2）宴会采购的价格控制。有效的宴会采购工作目标之一是用理想的价格采购满意的物资。采购物资的价格受各种因素的影响，诸如市场的供求状况、酒店经营的需求程度、采购的数量、供应单位的货源渠道和经营成本、供应单位支配市场的程度、其他供应者的影响等。针对这些影响价格的因素，可以采取以下方法降低价格，保证物资的质量，以实施对采购价格的控制。

①规定采购价格。通过详细的市场价格调查，酒店对日常经营所需要的物资提出购货限价，规定在一定的幅度范围内，按限价进行市场采购。当然，这种限价是酒店派专人负责调查后获得的信息。

②规定购货渠道和供应单位。为使价格得以控制，许多酒店规定采购部门只能向那些指定的单位购货，或者只许购置来自规定渠道的物资，前提是酒店预先已同这些供应商议定了购货价格。

③控制大宗和贵重物资的购货权。大宗和贵重物资的价格是影响酒店经营成本的主体，因此，有些酒店规定由使用部门提供使用情况报告，采购部门提供各供应商的价格，具体向谁购买由酒店决策层确定。

④提高购货量和改变购货规格。大批采购可以降低购货单价，酒店根据自身需求，对某种所需要的物资大批采购也可以降低物资的单价。

⑤根据市场行情适时采购。当某种物资在市场上供过于求、价格十分低廉而又是酒店日常大量所需要的，只要质量符合标准并有条件储存，可利用这个机会购进，以减少价格回升时的开支。

⑥尽可能减少中间环节。绕开不必要的供应单位，从批发商、生产商手中直接采购，往往可获得优惠价格。

【知识链接】

选择供应商的原则[1]

供应商开发的基本准则是"Q.C.D.S"原则，也就是质量、成本、交付与服务并重的原则。在这四者中，质量因素是最重要的，即首先要确认供应商是否建立一套稳定有效的质量保证体系，然后确认供应商是否具有生产所需特定产品的设备和工艺能力。其次是成本与价格，要运用价值工程的方法对所涉及的产品进行成本分析，并通过双赢的价格谈判实现成本节约。在交付方面，要确定供应商是否拥有足够的生产能力，人力资源是否充足，有没有扩大产能的潜力。最后一点，也是非常重要的，即供应商的售前、售后服务记录。

3. 验收

验收是指对送达酒店的采购物资进行核实，由酒店验收人员检验物资交货是否准时，质量、数量、品种规格、价格是否与所订要求相符，并详细记录检验结果，对合格物资准予入库或直拨到使用部门，不合格物资则予以拒收。

（1）验收的程序。具体内容如下：

①前期准备工作。采购员采购任务完成后，应及时将订货单转给验收部门，并将采购物资的基本情况通知验收负责人。验收人员将订货单与财务部门批准的请购单相对照，若订购内容与

---

① 资料来源：http://baike.baidu.com/view/1105046.htm？fr=aladdin。

批准的采购内容有出入，应及时向财务部门报告。

验收管理人员应在物资到达验收点前督促下属安排好相应的物资验收位置和具体的验收人员，以便与到店物资核对，同时准备好各类验收设备工具、验收场地，确定验收范围。

②验收操作、物资入库。当物资到店后，验收人员要根据订货单或订货合同的内容点数货物的件数，逐个检查密封容器是否有启封的痕迹，逐个称量货物的重量，特别是检查袋装物品的内容、重量是否和袋上印刷的相一致，以防名实不符和短缺。在清点数量时，验收人员要按照酒店采购规格书上所规定的质量标准检查和测试货物的外观及内在质量是否完全合乎要求，此外还要检查物品的规格是否符合要求。

在对全部货物进行测试、检验、清点之后，若发现问题，要当场向送货者提出交涉，并做出相应的处理，包括拒收及由双方签字认可。

③记录验收结果。验收人员最终以书面的形式阐述验收情况，包括填签验收单据和形成验收报告及进货日报表。

④拒收。拒收是指物资验收人员在验收过程中，对照有关标准，发现有严重出入时，拒绝物资入库。拒收是杜绝假冒伪劣物资流入酒店的有效手段，是维护采购正常权益的有力保证。

拒收应填写拒收通知单，写明拒收理由，经送货方和验收方签字，将拒收通知单和物资以及有关凭证一同退回。在处理拒收问题时，必须特别注意以下几点：

第一，要认识到这只是交易过程中常见的问题，而不是供购双方的纠纷。故酒店应在坚持原则的前提下保持与供货商及送货者之间的良好关系，以良好的态度向送货人耐心解释拒收的原因，为可能给他们带来的额外工作负担表示歉意。

第二，在退货通知单上要详尽写明退货的原因，并请送货人签字证明，为与供货商的进一步交涉留下原始凭证。

第三，要尽快告知酒店的采购部门和相关物资的使用部门，敦促他们及时寻找替代品。

（2）验收的内容。具体内容如下：

①检验。主要核查有关物资采购的凭证、质量、数量、价格、时间等项目。

A.凭证检验。一般来说，采购原始凭证包括发票、结算凭证、提货单据、验收记录、收料单和运杂费收据等，是物料入库的主要依据，也是检查采购物资实际成本的原始资料。

验收人员可以根据发票、费用单据、结算凭证、采购明细账、物料成本明细账等，检查这些单据是否合法。对于未能及时办理托运、中途照管不善、材料到达仓库后不能及时验收入库，以及运输过程中的损坏、遗失和被盗等损失，应分别按照财务规定处理。

B.时间检验。对交货时间进行检验，核查交货期是否和订货单上的日期一致。

C.数量核查。验收工作中的数量核查应对订货单数量、送货单数量与实际到货量三者做交叉检查，确认是否一致。购入物资的数量是决定物料单位成本的因素之一，验收时必须重点核查。当发现物资凭证数量多，实际验收入库数量少，或者物资凭证数量少，实际验收入库数量多时，应追查计量单位的问题，通过对物资账户的稽查和核对其购买凭证，查明品种的数量。

D. 质量核查。质量核查是物资验收的核心内容。酒店物资种类多，且各类物资的质量要求不同，衡量质量高低的标准也多种多样，需要各种专业知识，这些都对酒店物资的质量验收提出了更高要求。

E. 价格核查。核查价格是否与市场报价一致，一般在保证质量的基础上，价格不得高于市场同类物资的价格。

②收货。验收合格的物资，验收员要做详细记录，填写验收清单及进货日报表，并将这些物资分类后及时入库或发放给相关的使用部门。

4. 仓储

食品原料到货后，需要在合适的地方存放一段时间，由于食品原料的特殊性，存放时间长短和货物排列的顺序对食品成本都有影响。各种原料分门别类、排列有序是仓储控制最基本的原则，一切都要便于原料的查找、补充和分发。有的食品库存的时间只有几小时，有的却长达几个月。库存时间的长短和库存所需要的条件因食品原料本身的特点而定。

5. 领发料

领发料是从仓库里把原料取出来，其功能是仓库和下一个部门之间的控制。从仓库里出去的东西有些由厨房使用，有些在宴会厅和酒吧使用，但不管到达哪里，都要有表明转移责任的记录，正如从采购部的控制转移到验收部门一样，食品原料从仓库转移到生产部门也必须记录。如果原料是厨房使用，厨师或管理人员就要在交给仓库的领料单上签名；如果宴会厅使用仓库货物，则由服务员或领班签名。

6. 食品生产

食品生产方面的控制，主要是有足够的设备、设施及控制程序，保证生产以最有效的方式进行。为进行有效控制，可指定生产标准，采用标准菜谱。食品生产控制还在于生产的数量符合顾客的需求，菜肴生产过剩会造成浪费，使成本升高。剩余过多，一方面可能是未按正确的生产程序生产，另一方面可能是预测不准确。生产部门还面临为企业员工提供员工餐和合理利用剩头的问题，充分利用所有的食品原料是餐饮企业有效经营的基础。

（二）人事费用的控制

由于宴会厅具有淡旺季的差异以及生意量不固定的特点，所以必须对正式员工聘用人数进行严格控制。员工聘用人数的计算方式为：将月平均营业额除以每人每个月的产值，便得出应雇用的正式员工人数。但每人每月的产值因地区性及酒店价值不同而有所差异。例如，与相同员工数的一些酒店相比较，另一些酒店因一般价位较高而具有较高的平均产值。酒店宴会员工聘用有以下两种方式：

1. 涉及变动成本的职工

涉及变动成本的职工包括宴会服务员、洗碗工、厨师及厨工等。大部分宴会事先都有预约，宴会厅是根据预约准备宴会的，因此宴会在各日及每日各时段对服务需求量的变化很大。在节假日，营业量达到高峰，工作量增加，需要大量的员工。而在非高峰时间，可用较少的职工来应付营业。显然，这类涉及变动成本的职工在高峰期比在低潮期需要配备的人数要多。如果宴会部全部使用正式工，生意清淡时也要照付工资，并且正式工享受各种劳保、奖金等待遇，对企业负担较大。宴会厅中有许多工作属非技术或半技术性，可以雇用临时工。事实证明，只要有一些固定员工起核心作用，并对临时工稍加训练，宴会部的经营活动是能够正常进行的，而且不会影响服务质量。

另外，有的酒店实行弹性工作制：宴会部生产忙时，上班人数多；经营清淡时，则少安排职工上班。而有的宴会部则实行两班制或多班制，这样分班，岗位上的基本人数就能满足宴会部生产的运转，可以节省人工。为保障宴会部的生产和销售服务质量，正式工的数量不能过少。管理人员应预先估计好数量并安排好临时工，特别是忙季要预先做好安排。

2. 涉及固定成本的职工

涉及固定成本的职工包括宴会部经理、宴会厨房厨师长、收银员等职工，这类职工的需要量与营业量的关系很小。不管营业量多少，宴会部的经理、主厨都必不可少。这些职工的班次比较固定。有时营业量增加很大时，管理人员可以调整班次或让职工加班。

（三）水电、燃料费用与事务费用的控制

以宴会厅动辄数百位客人的营业规模来看，其所使用的灯光、空调等设施都属于大耗电量的设备，水的使用量也不容小视。由这些必然发生的水电费、燃料费等费用可知，宴会厅的营业费用支出十分庞大，倘若不能够有效控制设施使用的花费，便很容易造成财务上无谓的负担。以下就设施使用以及作业要点两个部分，具体说明控制费用的方式。

1. 设施使用

（1）照明。厨房内将白天能利用自然光的区域与其他区域的电源分开，并另设灯光开关，以便控制日夜灯光的开启与关闭。营业现场内的灯光采用分段式开关，分营业时段以及早、晚、夜间清洁、餐前准备工作等不同时段，在电源上标示出来以便操控，并视不同需要分段使用。

宴会厅内水晶灯应设置独立开关，以方便夜间分区域清洁时，使用其他较省电的照明设备。根据实际经验确定夜间清洁所需的打扫照明，并装置独立开关进行有效控制，以免浪费能源或缩短灯泡使用寿命。

宴会厅后台单位，如办公室、仓库及后勤作业区等，应尽量用日光灯代替灯泡，以节省能源。采用节能灯，也可以节省能源。

（2）空调。冷气开关应采用分段调节式，以有效达到控温效果并节约能源。例如，在宴会开始前，准备工作时段仅须启动送风功能即可。

（3）水。预防漏水，尤其须特别注意各设施的衔接处及管道连接部分。在公共场所应尽量使用脚踏式用水开关，因为自动冲水系统设备在使用前后都会自动感应，比较浪费水，甚至发生错误动作。

（4）计量。以各营业部门为单位，加装分表或流量表，以便追踪考核各单位设施使用控制的成效。还可以运用电力供应系统的时间设定功能，自动控制各区域的供电情况，如控制冷气、

抽排风、照明系统等设施的供电，切实管制用电。

2. 作业要点

（1）电源。宴会开始前半小时播放音乐，宴会结束后立即关闭。宴会中，客人用电需求大时应由工程部指导客人做配电工作。若顾客提出须提前在半夜进场布置，仍应按照宴会厅的一般规定，避免开启所有灯具。宴会结束后，应立即关闭冰雕灯或展示用灯电源，并立即进行清理，尽量缩短员工善后工作的时间，以节约用电。

洗碗机应装满盘碟后才启动运转。灯具应定期清理，以提高其照明度。厨房食物尽量采取弹性的集中储存方式，仅运转必要的冷藏、冷冻设备。宴会厨房工作人员须注意冷冻库、冷藏库的温度调节正确与否。无宴会时，勿开启空调。空班时间应确实关闭电源。若无持续使用的需要，应随时拔除电源插头。工程维护人员在非营业时间进行维修工作后，务必关闭电源。

（2）水。用水时，水量应调至中小量，以避免浪费。各场所的清洁工作应避免使用热水，尽量以冷水冲洗。水龙头如有损坏，应尽快通知维修部门。

（3）煤气。使用煤气时，应留意控制火势，非烹调时段应将火熄灭。使用完毕后，应确保关闭煤气开关。炉灶上的煤气喷嘴应定时清理，随时保持干净，应确保煤气燃烧完全。

（4）器皿耗损费用的控制。对造价较高的设备应重点控制，对器具采用个人责任制进行控制。物品的控制应从一点一滴抓起，即不仅依靠有关规章制度的约束和几个管理人员的监督，还要让每一位员工意识到物品的节约与酒店的前途和个人前途的关系，让员工积极主动地去节约物品，降低成本。

宴会厅要对新进员工、洗盘员工及临时工进行培训，务必使其在实务操作上具备正确认识，以减少不必要的损失。除了相关工作培训外，主管人员可运用收益比例的观念，说明损坏任何器皿需以加倍的宴会生意方能弥补损失的严重性，让每个员工都形成爱惜公物的观念，小心谨慎地处理每一件器皿。至于器皿耗损管理方面，大部分酒店都以盘点时的耗损率为基准，由各单位自行处理；有些宴会厅则列有惩处的办法，视情况予以惩戒；有些甚至公布每一器皿的价钱，以向员工警示。总之，合理的器皿耗损费用控制仍应以充分培训员工并培养员工正确的观念为主，惩戒方式则可视情况而定，并无定论。

任务二　宴会宣传方法

一个酒店所能接待宴会的档次和规模，往往是衡量其管理水平和经营实力的标志之一，宴会反映了特殊的市场需求，是酒店餐饮产品和服务销售的重要形式，宴会经营成功与否，对酒店的声誉和经济效益有直接的意义，所以，宴会销售是酒店营销策略不可忽视的一部分。网络化、全球化、政治形势以及社会的变化等各种因素会给宴会销售环境带来变化，从而对宴会销售策略产生不可忽视的影响。宴会宣传作为宴会销售的重要方式，为了适应销售环境的新变化也在不断地发展变化，一般来说，目前酒店宴会部常用的宣传方法有以下几种：

一、广告宣传

广告宣传是指针对产品定位与目标消费群体，决定方针表现的主题，利用报纸、杂志、电视、广播、传单、户外广告等，为了迎合消费者的心理需求，依据自身的实际情况，同时又能保证消费者能够接受的广告策略。酒店要想使宴会产品在市场与顾客心目中占据一定的位置，必须通过一定内容的广告宣传去影响市场与顾客。广告的分类方式有很多，按照传播媒体划分，酒店宴会常用的广告宣传方式有以下几种：

（一）印刷纸质广告

1. 宴会内部宣传广告

宴会为了推广其产品，往往会把销售产品进行设计，印刷成宣传海报、宣传单、小册子等纸质宣传广告资料，这些宣传资料图文并茂、制作精美，通常放置或张贴在酒店门口、电梯里、宴会预订处、宴会台面上等，以方便客人取用和阅读。

2. 报纸广告

报纸广告以报纸为媒介，它几乎是伴随着报纸的创刊而诞生的。随着时代的发展，报纸成为人们了解时事、接受信息的主要媒体。报纸成为酒店宴会常用的广告媒介，报纸广告的主要优势如下：

（1）覆盖面广，传递信息及时。报纸覆盖面宽，宣传范围广，读者遍布社会各个阶层，其种类多，有日报、晚报、周报、行业报、专业报等，可以满足各个层次读者的需求。报纸广告时效性很强，大多数综合性日报或晚报出版周期短，信息传递较为及时。有些报纸甚至一天要出早、中、晚等好几版。因报纸广告是平面作品，制作相对简单，加之新技术的不断应用，版面大小灵活，急广告甚至当天就能同读者见面。酒店经常把节日宴会和团体宴会等新主题宴会产品利用报纸广告，及时地将信息传播给消费者。

（2）信息量大，说明性强。报纸作为综合性内容的媒介，以文字符号为主、图片为辅来传递信息，其容量较大。由于以文字为主，因此说明性很强，可以详尽地描述，对于一些关心度较高的产品来说，利用报纸的说明性可详细告知消费者有关产品的特点。

（3）可重复，易保存。由于报纸特殊的材质及规格，相对于电视、广播等其他媒体，报纸具有较好的保存性，而且易折易放，携带十分方便。一些人在阅读报纸过程中还养成了剪报的习惯，根据各自所需分门别类地收集、剪裁信息。这样，无形中又强化了报纸信息的保存性及重复阅读率。

（4）权威性。报纸广告具有较高的威望。由于我国的报纸广告性质区别于西方国家，人们对报纸宣传内容信赖程度高，所以报纸广告在群众中有很高的威望。报纸广告的威望直接体现在它的权威性上。权威性是建立在真实的基础上的，同时也保证了消费者的利益，维护了党报、党刊的严肃性、真实性和指导性。所以读者容易接受来自报纸上的广告信息。

（5）广告费低廉。报纸广告收费低廉，刊发广告自由度较高。在报纸上刊登广告，广告主的选择余地比较大，因为报纸广告一般是按照占用版面面积或字数计价，广告主可根据自身财力和宣传需要选择不同报纸、不同版面、不同规格来进行策划和宣传。财力大的广告主可以用醒目的大篇幅广告强力吸引读者，财力小的也可选择费用少、连续刊出的小篇幅广告，以赢得更多的消费者。

总之，报纸广告的独特优势，在广告媒体竞争中是十分明显的，酒店要正确地认识和运用这些优势和作用，充分策划好适合以报纸广告为主的宴会广告宣传，突出报纸广告的优势，以使宴会宣传通过报纸广告宣传的方法获得更加理想的社会和经济效益。

3. 杂志广告

杂志与报纸一样，既有普及性的，也有专业性的。但就整体而言，它比报纸针对性要强，有针对不同年龄、不同性别的杂志分类。酒店宴会广告宣传在使用杂志广告时，会针对产品消费群体，有针对性地挑选一些相关杂志。虽然杂志广告没有报纸的快速性、广泛性、经济性等特点，但也有自己独有的特点。

（1）选择性。各类杂志都有不同的办刊宗旨和内容，有着不同的读者群，通过杂志发布广告，能够有目的地针对市场目标和消费阶层，减少无目的性的浪费。

（2）优质性。杂志广告可以刊登在封面、封底、封二、封三、中页版以及内文插页上，以彩色画页为主，印刷和纸张都很精美，能最大限度地发挥彩色效果，具有很高的欣赏价值。杂志广告面积较大，可以独居一面，甚至可以连登几页，形式上不受其他内容的影响，尽情发挥，能够比较详细地对商品进行介绍。

（3）多样性。杂志广告设计的制约较少，表现形式多种多样：有直接利用封面形象和标题、广告语、目录为杂志自身做广告；有独居一页、跨页或采用半页做广告；可连续登载；还可附上艺术欣赏性高的插页、明信片、贺年片、年历，甚至小唱片。当读者接受这份情义，在领略艺术魅力的同时，又潜移默化地接受了广告信息，并通过杂志的相互传阅，不断广而告之。

正因为杂志广告表现力丰富，读者阅读视觉距离短，可以长时间静心地阅读，所以杂志广告无论其形式还是内容都要仔细推敲，力求以艺术性较高、内容较为具体的画面呈现，把读者吸引到广告之中去。

4. 其他印刷品、出版物上的广告

除以上两种途径外，酒店还会根据区域经济和目标客户的消费群体的具体特点，在市区地图、旅游景区纸质宣传单或册子、电影票等印刷品、出版物上登载酒店的宴会产品广告。

（二）电视广告

电视广告是一种以电视为媒体的广告，具有以下很强的广告渗透力和传播优势：

1. 视听表现，感染力强

电视是唯一能够进行动态演示的感情型媒体，其冲击力、感染力特别强。图像的运动是电视广告最大的长处。电视媒介是用忠实的记录手段再现讯息的形态，电视可以即时传递画面、动作与色彩，令受众的感觉特别真实强烈，这是其他任何媒体的广告所难以达到的。

2. 穿透力强，达到率高

电视广告具有视听兼备的特点，只要具备视听接受条件就能收看到，而且不受年龄、职业、文化程度的限制。电视广告几乎不受任何限制便可以轻松到达电波所覆盖的任何地区，直接进入亿万人的家庭。

3. 与生活大为贴近

电视与我们的生活密切联系，电视传播的内容是现实的延伸，人们离不开电视，自然也离不开为生活提供各种讯息的电视广告。

酒店宴会宣传时，会利用宴会包房、大厅、客房的电视和社会电视等电视媒体来进行广告宣传，使所有能接收到电视电波的消费者都能强烈感受到宴会产品的信息。

（三）电话广告

电话广告是基于电话的语言沟通功能而开展的一种广告信息传播活动，即以电话为载体，接打双方的言语等为符号而进行的有关产品或服务等信息的传播与沟通。酒店宴会营销人员有时会采用直接拨打目标受众电话的方式来进行宴会产品或服务的推销。

电话是目前最方便的一种沟通方式，具有省时、省力、快速沟通的优点。电话广告作为主动营销的一种方式，已经被越来越多的企业所认可和实践，并成为企业的沟通利器。这种营销型的电话广告主要有以下优势：

1. 电话广告传播迅捷，范围广

电话普及率高，如今移动电话的快速发展，使其成为生活必需品。只要有信号的地方，就有可能接收到电话广告，这是传统媒体所无法达到的。

2. 电话广告具备人际传播的优势

人们在接打电话时感官参与度高，信息反馈量大且速度快。这种广告传播是双向的、即时的、互动的，目标对象会因对方的声音、言语、语气、语调等信息传播符号而做出快速反应。同时，电话是人和人之间进行沟通的最为主要的方式，感情的沟通也在于此。电话广告如果能充分体现情感因素，就可以增强其效果。

3. 电话广告可以做到精准营销

营销专家菲利普·科特勒（Philip Kotler）提出了精准营销的概念，他认为企业需要更精准、可衡量和高投资回报的营销沟通，需要制订更注重结果和行动的营销传播计划，还有越来越注重对直接销售沟通的投资。精准营销的好处是精确地锁定自己的客户，营销效果好，并且成本更低，这种营销理念也转变了广告传播的指向，变原来的"广而告之"为"准而告知"。而电话广告大多是针对某一特定人群发布的，具有较强的精准度。

4. 电话广告的受众数量可准确统计

电话广告的突出特点是可测量性。广告主借助于精确统计出来的数据评价广告效果，进一步审定广告投放策略，并利用电话媒体的实时特点，按照需要及时变更广告的形式和内容。基于这些技术优势，可从基础层面确立电话广告的经济价值，这样既节省广告主的费用投入，又增强广告的实际效果，弥补传统媒体广告"知道有一半的钱白花了，但不知道白花在哪里"的固有缺陷。

（四）网络广告

网络广告就是利用互联网做广告，其传播形式日新月异，远远多于传统媒体的广告发布形式，但就目前的种类归纳起来，有电子邮件广告、网站广告和其他形式广告（包括标语广告、新闻广告、插入式广告、无线广告、微博广告等）三类。随着经济的全球化发展，酒店宴会部也会利用电子邮件广告、微博广告、酒店网站广告等网络广告的形式宣传宴会产品，以吸引潜在客户和VIP客户。

网络广告起步晚，但它的兴起和发展的速度惊人，与传统的电视、报纸、路牌等广告形式相比，网络广告具有自己独特的优势：

1. 传播范围最广

网络广告的传播不受时间和空间的限制，它通过国际互联网络把广告信息24小时不间断地传播到世界各地。只要具备上网条件，任何人在任何地点都可以阅读。这种效果是传统媒体无法达到的。

2. 交互性强

交互性是互联网络媒体的最大优势，它不同于传统媒体的信息单向传播，而是信息互动传播，用户可以获取他们认为有用的信息，厂商也可以随时得到宝贵的用户反馈信息。

3. 针对性强

根据分析结果显示：网络广告的受众是年轻、有活力、受教育程度高、购买力强的群体，网络广告可以帮您直接命中最有可能的潜在用户。

4. 受众数量可准确统计

利用传统媒体做广告，很难准确地知道有多少人接收到广告信息，而在网上可通过权威公正的访客流量统计系统精确统计出每个广告被多少个用户看过以及这些用户查阅的时间分布和地域分布，从而有助于客商正确评估广告效果，审定广告投放策略，使其在激烈的商战中把握先机。

5. 实时、灵活、成本低

在传统媒体上做广告发布后很难更改，即使可改动往往也须付出很大的经济代价。而在网上做广告能按照需要及时变更广告内容，这样经营决策的变化也能及时实施和推广。

6. 强烈的感官性

网络广告的载体基本上是多媒体、超文本格式文件，图、文、声、像并茂。受众可以对感兴趣的产品了解更为详细的信息，能亲身体验产品、服务与品牌。这种以图、文、声、像的形式传送多感官的信息，让顾客如身临其境般感受商品或服务，并能在网上预订、交易与结算，将大大增强网络广告的实效性。

（五）交通广告

酒店宴会部有时也会采用交通广告的形式，在火车、飞机、轮船、公共汽车等交通工具及旅客候车、候机、候船等地点进行广告宣传。这些地方，旅客量大面广，宣传效果也很好，费用也比较低廉。交通广告具有以下传播优势：

1. 到达率和暴露频次高

交通广告的最大优势在于能使广告信息的到达率和暴露频次都能达到较高的水准。比如，北京地铁作为京城地下交通的大动脉，据统计，2016 年北京地铁公司所辖 15 条运营线共运送乘客 30.25 亿人次，日均 826.4 万人次；一般乘客平均在月台的等候时间为 5 分钟，平均每日在车厢内的停留时间为 30 分钟，每周乘坐地铁超过 6 次的占 65%。

2. 印象深刻

印象深刻，能刺激购买欲望。乘客在车站、码头、机场等候车船、飞机时，为打发时间会仔细阅读张贴在那里的广告，所以对广告的印象会相当深刻。而且车站广告对所经销的商品进行宣传，具有导购效果，比如杂志、方便食品、饮料等，可及时刺激消费者的购买欲，促进产品销售。

3. 弥补四大媒体的空白

消费者在乘坐交通工具时，通常远离四大媒体，这时可利用车内广告及时去影响消费者，充分利用此时相对清静的广告环境。同时车内广告具有强制性，乘客只要一进入车厢，就仿佛置身于广告信息的包围之中。

4. 车外广告还有极好的地理选择性

在大城市中，广告主可以根据自己产品的具体性能和目标消费者的类型，选择目标消费者经常乘坐的某一线路的公交车辆作为广告媒体。

5. 成本低

和四大媒体相比，各种形式的交通广告媒体是最经济的广告形式。所以，许多中小广告主多以此来作为对其他广告媒体形式的支援性媒体，从而实现广告信息的最大到达率和暴露频次。

（六）户外广告

户外广告指设置在露天且没有遮盖的各种广告形式，包括标牌广告、墙壁广告、电话亭广告、站台广告、机场广告、商场展卖、空中广告、走廊广告、路牌、灯箱、气球、霓虹灯、电子宣示牌等形式。随着人们旅游与休闲活动的增多和新科技的广泛运用，酒店会根据地区消费者的心理特点、风俗习惯挑选恰当的户外广告形式进行宴会宣传活动。户外广告的优势如下：

1. 到达率高

通过策略性的媒介安排和分布，户外广告能创造出理想的到达率。据相关调查显示，户外媒体的到达率目前仅次于电视媒体，位居第二。

2. 视觉冲击力强

在公共场所树立巨型广告牌这一古老方式历经千年的实践，表明其在传递信息、扩大影响方面的有效性。一块设立在黄金地段的巨型广告牌是任何想建立持久品牌形象的公司的必争之物，它的直接、简捷，足以迷倒全世界的大广告商。很多知名的户外广告牌，或许因为它的持久和突出，成为这个地区远近闻名的标志，人们或许对该地区的街道楼宇视而不见，唯独这些林立的巨型广告牌却是令人久久难以忘怀。

3. 发布时段长

许多户外媒体是持久地、全天候发布的。它们每天 24 小时、每周 7 天地伫立在那儿，这一特点令其更容易为受众见到。

4. 千人成本低

户外媒体可能是最物有所值的大众媒体了。它的价格虽各有不同，但它的千人成本（即每一千个受众所需的媒体费）与其他媒体相比却优势明显：射灯广告牌为 2 美元，电台为 5 美元，杂志则为 9 美元，黄金时间的电视则要 1020 美元！

5. 城市覆盖率高

在某个城市结合目标人群，正确地选择发布地点以及使用正确的户外媒体，可以在理想的范围接触到多个层面的人群，这样广告就可以和受众的生活节奏配合得非常好。

二、口碑宣传

口碑宣传是指企业在品牌建立过程中，通过客户间的相互交流，将自己的产品信息或者品牌传播开来。酒店在宣传过程中也会利用口碑宣传的形式来宣传其宴会产品和服务。酒店利用自己的良好品牌，获得第一次购买群体的信赖和良好口碑，而第一次购买群体的口碑，是最值得潜在用户信赖的传播形式，潜在用户对于酒店宴会产品和服务的信息了解主要来自于第一次购买的群体。

正是人类传播信息的天性以及人们对口碑的高度信赖，在 21 世纪这个竞争全球化、经济一体化的知识经济时代，口碑宣传作为人类的"零号媒介"，依然显示着它神奇的营销力量。其优势有以下几个方面：

（一）宣传费用低

口碑是人们对于企业的看法，也是企业应该重视的一个问题。不少企业以其强硬的服务在消费群体中换取了良好的口碑，带动了企业的市场份额，同时也为企业的长期发展节省了大量的广告宣传费用。一个企业的产品或服务一旦有了良好的口碑，人们会不经意地对其进行主动传播。口碑营销的成本由于主要集中于教育和刺激小部分传播样本人群上，因此其成本比面对大众人群的其他广告形式要低得多，且结果也往往能事半功倍。一般而言，在今天信息更充分的互联网时代，靠强制宣讲灌输的品牌推广已变得难度越来越大且成本更高，性价比远远不如定向推广和口碑传播来得好。

口碑营销无疑是当今世界上最廉价的信息传播工具，基本上只需要企业的智力支持，不需要其他更多的投入，节省了大量的广告宣传费用。所以企业与其不惜巨资以广告、促销活动、公关活动等方式来吸引潜在消费者的目光，从而产生"眼球经济"效应，还不如通过口碑这样廉价而简单奏效的方式来达到这一目的。

（二）可信任度高

一般情况下，口碑传播都发生在朋友、亲友、同事、同学等关系较为亲近或密切的群体之间。在口碑传播开始之前，他们之间已经建立了一种特殊的关系和友谊，相对于纯粹的广告、促销、公关、商家的推荐等而言，可信度要高。另外，一个产品或者服务只有形成较高的满意度，才会被广为传诵，形成一个良好的口碑。因此，口碑传播的信息对于受众来说，具有可信度非常高的特点。这个特点是口碑传播的核心，也是企业开展口碑宣传活动的一个最佳理由。同样的质量，同样的价格，人们往往都是选择一个具有良好口碑的产品或服务。况且，因为口碑传播的主体是中立的，几乎不存在利益关系，所以也就更增加了可信度。

（三）针对性准确

当一个产品或者一项服务形成了良好的口碑，就会被广为传播。口碑宣传具有很强的针对性。它不像大多数公司的广告那样千篇一律，无视接受者的个体差异。口碑传播形式往往借助于社会公众之间一对一的传播方式，信息的传播者和被传播者之间一般有着某种联系。消费者都有自己的交际圈、生活圈，而且彼此之间有一定的了解。人们日常生活中的交流往往围绕彼此喜欢的话题进行。在这种状态下，信息的传播者就可以针对被传播者的具体情况，选择适当的传播内容和形式，形成良好的沟通效果。当某人向自己的同事或朋友介绍某件产品时，他绝不是有意推销该产品，他只是针对朋友们的一些问题，提出自己的建议而已。比如，朋友给你推荐某个企业或公司的产品，那么一般情况下，会是你所感兴趣，甚至是你所需要的。因此，消费者自然会对口碑相传的方式予以更多的关注，因为大家都相信它比其他任何形式的传播推广手段更中肯、直接和全面。

（四）具有团体性

正所谓"物以类聚，人以群分"，不同的消费群体之间有着不同的话题与关注焦点，因此各个消费群体构成了一个个攻之不破的小阵营，甚至是某类目标市场。他们有相近的消费趋向，相似的品牌偏好，只要影响了其中的一个人或者几个人，在这沟通手段与途径无限多样化的时代，信息便会以几何级数的增长速度传播开来。

这时，口碑传播不仅仅是一种营销层面的行为，更反映了小团体内在的社交需要。很多时候，口碑传播行为都发生在不经意间，比如朋友聚会时或共进晚餐时的聊天等，这时候传递相关信息主要是因为社交的需要。

所以，我们可以看到口碑营销不仅仅是一种经济学中的营销手段，它更有深层次的社会心理学作为基础。它是构架于人们各种社会需求心理之上的，所以它比一般的营销手段更天然自发，也更加易于接受。

（五）提升企业形象

很难想象，一个口碑很差的企业会得到长期的发展。口碑传播不同于广告宣传，口碑是企业形象的象征，而广告宣传仅仅是企业的一种商业行为。口碑传播是人们对于某个产品或服务有较高的满意度的一个表现，而夸张的广告宣传有可能会引起消费者的反感。拥有良好的口碑，往往会在无形中对企业的长期发展以及企业产品销售、推广都有着很大的影响。当一个企业赢得了一种好的口碑之后，其知名度和美誉度往往就会非常高，这样，企业就拥有了良好的企业形象。这种良好的企业形象一经形成就会成为企业的一笔巨大的无形资产，对于产品的销售与推广、新产品的推出都有着积极的促进作用。并且，口碑在某种程度上是可以由企业自己把握的。

（六）发掘潜在消费者成功率高

专家发现，人们出于各种各样的原因，热衷于把自己的经历或体验转告他人，譬如刚去过的那家餐馆口味如何，新买手机的性能怎样等。如果经历或体验是积极的、正面的，他们就会热情主动地向别人推荐，帮助企业发掘潜在消费者。一项调查表明：一个满意消费者会引发 8 笔潜在的买卖，其中至少有一笔可以成交；一个不满意的消费者足以影响 25 人的购买意愿。

（七）影响消费者决策

在购买决策的过程中，口碑起着很重要的作用。比如，消费者身边的人对产品的态度会对消费者的购买产生直接影响。因此，将消费者的购买决策与口碑宣传相联系，也许会发现，平常看似不起眼的产品经由口碑营销发挥的作用而使销售情况大大改善。

购买过程中，口碑的作用是什么？如果用最简单的一句话来解释，就是"使得消费者决定采取和放弃购买决策的关键时刻"。为了能在购买决策过程中拉拢消费者，许多成功的品牌从来不敢轻视在消费者的口碑上下功夫。

（八）缔结品牌忠诚度

运用口碑宣传策略，激励早期使用者向他人推荐产品，劝服他人购买产品。最后，随着满意顾客的增多，会出现更多的"信息播种机""意见领袖"，企业赢得良好的口碑，拥有了消费者的品牌忠诚，长远利益自然也就能得到保证。

（九）更加具有亲和力

口碑宣传与传统的宣传手段相比，具有与众不同的亲和力和感染力。传统广告和销售人员宣传产品一般都是站在卖方的角度，为卖方利益服务，所以人们往往对其真实性表示怀疑，这种宣传只能引起消费者的注意和兴趣，促成真正购买行为的发生往往较难。而在口碑宣传中，传播者是消费者，与卖方没有任何关系，独立于卖方之外，推荐产品也不会获得物质收益。因此，从消费者的角度看，相对于广告宣传而言，口碑传播者传递的信息被认为是客观和独立的，被受传者所信任，从而使其跳过怀疑、观望、等待、试探的阶段，并进一步促成购买行为。

（十）避开对手锋芒

随着市场竞争的加剧，竞争者之间往往会形成正面冲突，口碑宣传却可以有效地避开这些面对面的较量。消费者自发传播的口碑具有长远而持久的影响，极易引导消费者形成潜在的消费定式。

三、食品宣传

食品本身的展示是一种很好的宣传方式，它与别的方式不同，很直观、实在，菜品的好与坏让顾客近距离目睹，就是利用了人们的视觉效应，还调动了其他的感觉器官，激起顾客的购买欲望，吸引更多的客人进餐厅就餐并刺激客人追加点菜。在宣传的同时，酒店会安排销售人员在消费者身旁，对其提出的问题进行讲解，鼓励消费者索取更多关于其宴会产品的信息，以巩固企业的形象，提高经济效益。

四、赠品宣传

赠品宣传作为市场营销和品牌建立的手段之一，是一种很好的营销手段，有很多酒店企业借助赠品如广告纸巾、广告杯、广告扇子等达到四两拨千斤的效果。具体分析其优点主要有以下四点：

（一）营销受众能经常接触到的广告

赠品在一般情况下是一种实用性强的物件，这些物件通过派发或赠送的形式到了消费者手中。首先要强调这些赠品的受众一般是营销主体的消费对象。这些消费对象在获得赠品时，除了有免费获得的喜悦以外，还由于这些赠品是实用性或娱乐性很强的产品，消费者肯定会在日常生活中使用，从而达到宣传的目的。同时，消费者周围的人可能也会使用，这样还会产生散布的作用。

（二）形象化的广告

由于赠品一般情况下是一个物件，所以在物件的制作上有很大的灵活性，这种灵活性让我们有更大的想象空间去配合我们的品牌做合适的事情。比如把赠品做成自己品牌的代言卡通人物或者产品外观形象等，这些工作都能在很大程度上提高消费者对品牌或产品的认知度。赠品是发挥品牌创意非常好的平台。

（三）时效长的广告

在广告失效方面是不言而喻的，物件使用的寿命有多长，广告效果就有多长。

（四）性价比高的广告

赠品作为品牌推广的载体，在具体产品的选择上是非常广泛的。一般情况下，根据产品和品牌的定位不一样，选择一些价格相对低的产品作为赠品比较合适。由于赠品单个的价格相对比较低，所以在固定的费用预算情况下，可以生产更多的赠品，这样普及面比较广，广告效果也会比较好。相对于电视或其他的户外媒体的费用，赠品的费用是很低的。

五、绿色宣传

随着经济、社会可持续发展思想的不断被强化，自然、健康、环保等已成为当前消费的时尚与主流，消费市场的绿色需求不断扩大。"绿色消费"时下不仅仅是消费者的追求，也是各大酒店以此标榜自己、宣传自己的中心字眼。在绿色消费盛行的今天，酒店宴会也顺应时代可持续发展战略的要求，注重地球生态环境保护，促进经济与生态环境协调发展，紧扣"自然、健康、环保"这三大主题进行绿色宣传，以实现企业利益、消费者利益、社会利益及生态环境利益的协调统一。

酒店通过绿色宣传人员的绿色推销和营业推广，从销售现场到推销实地，直接向消费者宣传、推广宴会产品绿色信息，讲解、示范宴会产品的绿色功能，回答消费者的绿色咨询，宣讲绿色消费的各种环境现状和发展趋势，激励消费者的消费欲望。同时，通过试用、馈赠、竞赛、优惠等策略，引导消费兴趣，促成购买行为。绿色宣传作为一种新的营销方式，有以下两大优势：

（一）绿色宣传引发商机

企业通过采用绿色技术，开发绿色产品，减少"三废"排放，将环境保护观念纳入生产经营活动中。从生产技术的选择、产品的设计、原材料的采用等各个方面注重对环境的保护，可以兼顾消费者需求、企业利益和环境保护之间的关系，可以赢得政府的支持和消费者的好感，从而树立起良好的企业形象。企业进行绿色宣传，通过采用绿色技术、运用清洁生产方式、生产绿色产品等向广大公众展示自己的绿色企业形象，从而赢得更高的顾客满意度和忠诚度，建立自己独特的竞争优势。

（二）不可估量的双赢关系

企业通过推行绿色投资，降低单位产品的物质资源消耗，提高了资源利用率，既节约材料成本，又可以降低污染及污染治理费用，从而降低生产成本，减少绿色投入，取得了较大的经济效益和社会效益。企业在满足消费者绿色消费的同时也获得了利润。

【案例分析】

一截尖椒变成"有奖销售活动"①

杭州某酒店餐厅的一张餐桌旁围坐着 10 位北方客人，他们点酒、点菜后便饮着茶等候上菜。很快，服务员就把菜肴端上了桌，并报了菜名。

"小姐，这道菜为什么叫'叫花鸡'，请讲一讲它的来历。"一位客人突然发问。

"一些乞丐为了抢救一位饿晕的同伴，讨来一只小母鸡用烂泥巴包起来在火中烧烤，烤好后，鸡的味道特别香，当地人从此以后便喜欢用泥裹鸡煨制的方法做菜，并特意在它前面加上'叫花'二字。当然，大家现在吃的'叫花鸡'并不是用泥直接裹起来烧的，而是用西湖的荷叶、绍兴名酒等多种调料和辅料做成的，原料用良种的嫩母鸡。"服务员小姐微笑着向客人讲述了这道菜的来龙去脉。

听了服务员小姐的介绍，大家非常高兴，戏称自己是"叫花子"，并纷纷品尝"叫花鸡"的美味。服务员小姐见状，便在上每个菜的时候，都向他们讲解一番，使得客人们兴趣高涨，食欲大增。

正当大家兴高采烈之时，一位女宾在食用了一口"龙井虾仁"后，突然连声喊"辣"，

---

① 资料来源：程新造，王文慧.星级饭店餐饮服务案例选析 [M].北京：旅游教育出版社，2008.

并将这口菜吐了出来。大家都感到奇怪，明明没有要辣味的菜啊！其他几位品尝过这道菜的宾客却说，菜的味道不错。女宾用手指着吐出的菜，只见其中果然有一小截尖椒。

服务员在仔细检查了这道菜后，心想："这道菜要放新鲜的龙井茶叶，颜色与尖椒差不多，可能是厨师加工时不慎将尖椒混入其中了，不然怎么只是这位女宾喊辣呢？"她灵机一动，找到了对策。

"这位女士，恭喜您了。我们餐厅正在搞有奖销售活动，事先在这道菜中放了一小截尖椒，谁吃到了可以得到我们的一个小礼品，这件事开始时对大家是保密的，餐后我会把礼品给您送来。"服务员小姐机智的解释又一次引起了大家的兴趣，有人还后悔没能吃到尖椒。

餐后，服务员果然"代表餐厅"送给女宾一块丝织手帕。宾客们对服务员小姐的服务非常感谢，表示下次来此还要请她服务。

案例分析：本案例描述了服务员小姐在为宾客点菜后，讲解菜肴来历和灵活处理菜品问题的经过，体现出她优良的服务意识与方法。这位服务员能够流利地讲述出菜肴的发展与历史，并能在菜品中发现异物的时候，巧妙地用有奖销售活动来掩盖，使得整个服务过程按照良好的方向发展，突出了供餐服务的灵活性。因此，优秀的服务员需要具备扎实的服务意识、知识和技能，而这些基础的奠定，则需要服务员在工作实践中不断地学习和努力。

◆── 任务三　宴会促销设计 ──◆

一、设立宴会销售组织

现代宴会经营者都非常重视宴会产品和服务的销售，许多酒店设立独立的宴会部，专门负责各种规模、各种形式的宴会销售和宴会服务接待工作。与宴会有关的一切销售工作由宴会部专门负责，销售部的人员必须具备丰富的专业知识，如食品的制作、菜单的设计、成本控制、服务设施的使用、空间的利用等方面的知识和推销技巧。由于各酒店的经营状况不一，宴会在餐饮中的销售比重不同，宴会部的组织机构、岗位设置和岗位职责范围也不尽相同。酒店宴会部下面可设立宴会营业、宴会销售和宴会服务部门。宴会营业部的主要工作是研制新菜式及编写菜单，控制饮食成本，制定菜点的销售价格。宴会销售部的主要工作是宴会的预订与推销，宴会市场开拓工作（包括宣传、广告、促销工作），宴会菜单及宴会计划的制订、下达并组织实施。宴会服务部主要负责宴会的接待以及现场服务工作。

二、制订宴会营销计划

作为酒店营销计划的一个组成部分，宴会营销计划的制订应包括以下几个方面：

（一）市场竞争分析

竞争分析的主要目的是了解本酒店宴会部在市场中相对于竞争者的优势和劣势，分析的内容可包括：竞争者所处的位置、可使用宴会厅的规模面积、宴会厅的布置和风格、宴会厅各种设备设施及其使用性能、场地和租金、产品和服务特色、目标市场、酒店声誉等方面。制订宴会营销计划，要对各个酒店进行比较分析，明确本酒店宴会市场的竞争优势是什么，劣势是什么，为进一步确定酒店宴会的目标市场提供依据。

（二）明确关键宴会市场，确立正确的市场定位

了解酒店宴会部的市场优势以后，就可以进一步考虑本酒店可以吸引的最关键的宴会市场是什么。宴会市场按举办者的性质可以分为以下四类：

1．企业举办的宴会

企业的展览会、年会、销售培训会等可能需要用到酒店宴会部的多功能厅及餐饮设施和服务，公司开业、周年纪念日等重大活动或重大事件的宣布，也常常到酒店举办宴会，酒店应高度重视这一类型的宴会业务，经常与当地的商业机构、贸易团体联系，从商业杂志、商业报纸、电视电台等渠道收集这一市场的有关信息，并设法与企业有关部门和负责人取得直接联系。

2．各类学术团体和民间团体举办的宴会

各类学术团体和民间团体举办宴会，参加者一般从几十人到上百人不等，协会会刊、当地报纸是获得这一类型宴会信息的主要途径，酒店宴会推销人员应设法与协会的理事、团体的负责人、秘书等关键性的人物取得联系，以接近这一市场。

3．党政部门、外交机构举办的宴会

党政部门、驻本地的外交机构往往会在较高级的酒店举办宴会，接待这类宴会，对主办单位的要求以及贵宾的生活习惯、宗教信仰、禁忌等情况应作详细了解。这类宴会往往有利于提高酒店的社会效益，是酒店应该争取的宴会市场。

4．个人社交活动举办的宴会

这类宴会通常由个人自己付款，规模相对较小，如个人组织的家庭团聚、朋友相会、婚宴、寿宴、逢年过节的庆贺等，是酒店宴会中的个人市场，值得重视。

酒店应结合自己的优势，扬长避短，分析自己最能够吸引的目标市场，确定凭借酒店现有的硬件设施和软件水平，可以接待何种档次和规模、何种性质的宴会。

（三）确立宴会销售目标

决定了酒店可吸引的宴会市场类型后，应进一步确定宴会销售的具体目标，明确以下问题：宴会厅某一时期每餐的座位周转率、所接待宴会类型、宴会团体使用酒店客房的情况、宴会常用菜单、宴会厅每平方米的营业收入、各种不同类型宴会的平均消费、宴会厅最常使用的时间和日

期、宴会厅闲置较多的时段和原因、各类不同宴会的平均参加人数等，以上信息有助于宴会部确立具体的销售目标。宴会部的统计数字应该不断修改，保持最新信息，以便确定销售的重点对象和重点时期，例如明确宴会生意的来源是周末还是工作日，销售的重点是提高宴会营业额还是增加宴会厅的座位周转率，以确立确实可行的销售目标。

（四）制订具体行动计划

酒店宴会部的销售目标确定后，要根据确立目标制订具体行动计划，宴会部应对每项活动的执行方法、执行期限、执行负责人做具体的安排。宴会部具体行动计划的制订受酒店已确定目标市场的特殊性、酒店的促销预算、酒店的销售力量等因素的影响，可根据已确定的目标与酒店的可控因素，选择最佳的实施方案。

（五）销售效果的评估与跟踪

宴会销售效果的评估，有利于总结成功的促销策略，发现不足地方，为制订新的行动计划提供依据。宴会销售效果如何，主要看酒店销售的增长率、顾客的反应等因素。宴会的跟踪是宴会销售活动不可缺少的一步，售后工作的圆满完成，有利于提高酒店顾客的满意程度，争取更多回头客。

三、宴会促销方法

宴会促销是酒店营销活动过程中的重要环节，有效的宴会促销活动，不仅有助于宴会取得较好的经济效益和社会效益，而且有助于顺利完成整个宴会活动计划。宴会促销的具体方法有很多，酒店在具体运用时，要根据宴会行动计划，确定相应的促销计划，其促销的具体方法大致从以下几个方面来考虑：

（一）人员推销

宴会人员推销是一种专业性和技术性很强的工作，它要求销售员具备良好的政治素质、业务素质和心理素质以及吃苦耐劳、坚韧不拔的工作精神和毅力。酒店宴会人员销售是宴会销售人员帮助和说服购买者购买某种宴会产品或服务的过程，是一种具有很强人性因素的、独特的促销手段。

1. 收集信息

宴会推销员要通过老客户推荐、一定范围的单位联络、电话筛选、广泛的派发宣传广告等各种途径发现潜在客户，建立各种资料信息簿，建立客史档案，注意当地宴会市场的各种变化，了解区域宴会活动的开展情况，寻找推销机会。

2. 计划准备

在上门推销或与潜在客户正式接触前，推销人员应做好各项促销访问前的准备工作，确定推销对象，设立拜访要实现的目标并列出访问大纲，了解所访问的客户，事先预约获得允诺，备齐销售资料，如宴会菜单样本、宣传小册子、机器设备单、宴会场地布局图等，并对酒店宴会部近期的预订情况有所了解。

3. 促销访问

促销访问一定要按照事先约定时间准时到达，注意自己的仪容仪表和问候礼仪，按照事先设定的访问大纲，灵活有计划地进行促销访问。

在访问过程中，一定要针对客户的需求进行产品介绍，并尽量使自己的谈话吸引对方。介绍时要突出所能给予客户的优惠和额外利益，要与顾客同步，专心聆听，从而了解顾客的真实需求，借助携带的推销资料和推销技巧，力争让顾客明白，只有自己宴会的产品和服务最能满足其需求。

4. 商定预订和跟踪推销

促销访问要善于把握时机，使客户下定决心，商定交易，签订预订单。为了落实订单，还要进一步与其保持联系，采取跟踪措施，逐步达到预订确认。即使不能最终成交，也应通过分析原因，总结经验，保持继续向对方推销的机会，便于以后合作。

【知识链接】

常用的十大营销策略①

一、功效优先策略

通过对万名消费者的调查显示，影响消费者是否购买的最主要因素是产品的功效，认同者占 86%，远高于价格、包装等因素。

目前营销工作做得好的产品都是功效佳的产品，尤其经受得住市场长期考验的产品更是这样。任何营销要想取得成功，首要的是要有一个功效佳的产品。因此，市场营销第一位的策略是功效优先策略，即要将产品的功效视为影响营销效果的第一因素，优先考虑产品的质量及功效优化。

二、价格适众策略

价格的定位，也是影响营销成败的重要因素。对于求实、求廉心理很重的中国消费者而言，价格高低直接影响着他们的购买行为。对于一种产品而言，价格是否稳定直接关系着产品的声誉。一般来说，价格确定后不宜变动，因而初期定价至关重要。具有远见者、有长期经营愿望者在确定价格时，既应克服急功近利，也应克服低价钻空的思想。合理的有利于营销的价位，应该是适众的价位。

所谓适众，一是产品的价位要得到产品所定位的消费群体大众的认同；二是产品的价值要与同类型的众多产品的价位相当；三是确定销售价格后，所得利润率要与经营同类产品的众多经营者相当。

---

① 资料来源：http://www.youshang.com/content/2010/08/04/35963.html。

三、品牌提升策略

消费者购买决策过程有四个环节，即需要觉察、信息收集、品牌评审、选择决定。其中一个重要环节是品牌评审。从消费者选择商品牌号的模式分析，所购买产品的牌号必须是其知道的牌号，而要让消费者知道，就要宣传品牌。国人购买商品有求名的动机，因此适应其求名动机的心理，应不断地提升品牌。

所谓品牌提升策略，就是改善和提高影响品牌的各项要素，通过各种形式的宣传，提高品牌知名度和美誉度的策略。提升品牌，既要求量，同时更要求质。求量，即不断地扩大知名度；求质，即不断地提高美誉度。提升品牌的途径，内在方面靠产品的质量和功效，让使用过的消费者用口碑传播品牌；外在方面靠营销中的宣传活动。

四、刺激源头策略

有消费者才有需求，依据消费者的需求研制生产出各类产品，进而有促销活动。因此，消费者是营销活动的源头。营销活动的重心不在销，而在买，在于刺激消费者的购买欲望。所谓刺激源头策略，就是将消费者视为营销的源头，通过营销活动，不断地刺激消费者的购买需求及欲望，实现最大限度地服务消费者的策略。

五、现身说法策略

用消费心理及消费行为的理论解释，在消费者购买决策过程四环节中，现身说法的案例可以刺激消费者觉察自己对产品的需要，并为消费者收集信息提供资料，尤其身边的或熟悉的人的真实案例对消费者的鼓动作用更大。现身说法策略就是用真实的人使用某种产品产生良好效果的事实作为案例，通过宣传手段向其他消费者进行传播，达到刺激消费者购买欲望的策略。通常利用现身说法策略的形式有小报、宣销活动、案例电视专题等。

六、媒体组合策略

在各类宣传形式中，采用现身说法的形式效果最好，但其他形式相互配合也很重要。因为信息收集后还有品牌评审阶段，有些消费者往往不是从一个渠道收集到信息后就做出选择决定。在品牌评审阶段，就包括对其他信息收集后综合评审品牌。

树立品牌，提升品牌，不是某个单一的宣传形式可以做好的。现身说法的案例可以打动人心，但仅有现身说法的案例还难以提升品牌形象。只有将美好的期望、理想的追求融于品牌形象中才能使品牌形象更完美。因此，树立和提升品牌形象需要各种宣传形式的组合。媒体组合策略就是将宣传品牌的各类广告媒体按适当的比例合理地组合使用，刺激消费者的购买欲望，树立和提升品牌形象。

七、单一诉求策略

在产品宣传中，要针对消费群体，准确地提出诉求点。如若提出更多的诉求点，不仅不利于促销，还会失去消费者的信任。许多产品提出了许多功效，向消费者推出了许多诉求，给消费者的印象是万能之物或包治百病之药，结果失去消费者的信任导致营销失败。

单一诉求策略就是根据产品的功效特征，选准消费群体，准确地提出最能反映产品功效，又能让消费者满意的诉求点。

八、终端包装策略

终端就是直接同消费者进行商品交易的场所，因此，这里应该是刺激消费者购买欲望的阵地。

市场调查显示，51.8% 的保健品消费者是到购买现场才做出购买的选择决定。这说明，在终端至少有 51.8% 的消费者还在收集信息，评审品牌。那么在终端向消费者传递信息至少可以影响到 51.8% 的消费者的购买行为，因此要对终端进行包装。

所谓终端包装，就是根据产品的性能、功效，在直接同消费者进行交易的场所进行各种形式的宣传。终端包装的主要形式有：一是在终端张贴介绍产品或品牌的宣传画；二是在终端拉起宣传产品功效的横幅；三是在终端悬挂印有品牌标记的店面牌或门前灯箱、广告牌等；四是对终端营业员进行情感沟通，影响营业员，提高营业员对产品的宣传介绍推荐程度。调查显示，20% 的保健品购买者要征求营业员的意见。

九、网络组织策略

各项营销策略都要靠人去实施，对于区域广泛的营销，必须要有适度规模且稳定的营销队伍。组织起适度规模而且稳定的营销队伍，最好的办法就是建立营销网络组织。网络组织策略，就是根据营销的区域范围，建立起稳定有序的相互支持协调的各级营销组织。

某大型营销公司在数省联合设立营销片区，在省级设立营销办事处，在地市级设立营销管理处，在县级设立营销子公司，在乡镇级设立宣传工作站，在行政村级设立宣传工作队，在自然村设立宣传工作组，再加上全国的营销总部，共八个层级，组织人员两万多人，遍布全国各地。由于有着严密的组织网络，一个指令在 24 小时内可以高度保真地从总部传达到全国各个村庄的营销人员，并有督办检查的双回路，保证事事落实。

十、动态营销策略

营销工作面对的是市场中各种要素的组合，而各种影响市场的因素都是变动的，因此，营销活动必然是动态的。只有动态的营销才能保证营销效果。

所谓动态营销策略，就是要根据市场中各种要素的变化，不断地调整营销思路，改进营销措施，使营销活动动态地适应市场变化。

（二）特色产品推销

顾客的需要就是酒店销售的方向，酒店要根据市场调研，把握顾客需求，组织由宴会营销人员、烹饪技术人员组成的团队，不断更新经营产品，研发特色产品，推出各种"特色菜品""特色主题餐单""各类美食节"等，向目标客户提供针对性的服务，从而稳定原有客源市场，吸引新的客户群体。

（三）广告宣传促销

利用报纸杂志、电视电台、网络、户外等广告宣传方式，向公众和潜在客户提供酒店品牌、宴会相关产品和服务等信息，让他们逐步了解酒店企业形象和宴会产品信息，以吸引更多的客源。

（四）优质服务促销

顾客的消费观念和消费需求不断向高级阶段发展，消费者到酒店去不仅是物质消费，更是一种服务消费。每一位消费者到酒店消费都是要获得舒适和美的享受，酒店只有提供优质的产品和服务，让每一位顾客都有"自己就是上帝"的感受，才能给顾客留下深刻印象，吸引顾客到酒店消费。酒店宴会部要紧密把握酒店市场竞争的每一点动向，细微地掌握客人需求的最新变化，同时能够通过最强有力的组织措施、组织手段将优质服务的高要求彻底地贯彻下去。对于已经打出名声的优质服务酒店宴会部来说，客人中常客和慕名客的比例占了很大一部分，他们对宴会部的优质服务或者有非常多的了解，或者已经非常熟悉，因此优质服务的扩散性对酒店非常重要，它包括两个方面：一个是优点扩散，另外一个是缺点扩散。对于能做到优质服务的酒店来说，这两种扩散的速度都是非常快的，酒店要善于利用优点扩散，防止缺点扩散。

【案例分析】

点菜时忽略了主人[①]

梁先生请一位英国客户到上海某高级宾馆的中餐厅吃饭。一行人围着餐桌坐好后，服务员小姐走过来请他们点菜。"先生，请问您喝什么饮料？"服务员小姐用英语首先问坐在主宾位置上的英国人。"我要德国黑啤酒。"外宾答道。接着，服务员小姐又依次问了其他客人需要的酒水，最后用英语问坐在主位的衣装简朴的梁先生。梁先生看了她一眼，没有理会。服务员小姐忙用英语问坐在梁先生旁边的外宾点什么菜。外宾却示意梁先生先点。"先生，请您点菜。"这次服务员小姐改用中文讲话，并递过菜单。"你好像不懂规矩。请把你们的经理叫来。"梁先生并不接菜单。服务员小姐感到苗头不对，忙向梁先生道歉，但仍无济于事，最终还是把餐厅经理请来了。梁先生对经理讲："第一，服务员没有征求主人的意见就让其他人点酒、点菜；第二，她看不起中国人；第三，她

———————

① 资料来源：程新造，王文慧. 星级饭店餐饮服务案例选析 [M]. 北京：旅游教育出版社，2008.

影响了我请客的情绪。因此，我决定换个地方请客。"说着，他掏出一张名片递给餐厅经理，并起身准备离去。其他人也连忙应声离座。经理看到名片方知，梁先生是北京一家名望很大的国际合资公司的总经理，该公司的上海分公司经常在本宾馆宴请外商。"原来是梁总，实在抱歉。我们对您提出的意见完全接受，一定加强服务员的教育。请您还是留下来让我们尽一次地主之谊吧。"经理微笑着连连道歉。"你们要让那位服务员小姐向梁老板道歉。他是我认识的中国人当中自尊心和原则性很强的人。"英国人用流利的中文向经理说道。原来他是一个中国通。在餐厅经理和服务员小姐的再三道歉下，梁先生等人终于坐了下来。餐厅经理亲自拿来好酒以尽"地主之谊"，气氛终于缓和了下来。

案例分析： 点菜服务应按照规格和程序进行。服务员要先问主位上的主人是否可以开始点菜，是否先点酒水，主人需要什么酒水，或由主人代问其他人需要的酒水，不要在未征得主人同意前就私自请他人点酒。

（五）优惠活动促销

依据季节的变化和宾客的需求，灵活开展促销活动。旺季时刻，顾客盈门，生意红火，须保证菜肴质量；淡季时，可以采取打折等优惠方式来吸引宾客。通过提供让顾客能直接享受的实在的优惠，以达到推销宴会的目的。

◆—— 课后习题 ——◆

一、思考题

1. 简述宴会成本构成的类型。
2. 宴会户外广告宣传的优势是什么？
3. 简述宴会宣传的方法。
4. 宴会促销的方法有哪些？

二、案例分析题

固定客户放弃了喜爱的 10 号桌[①]

丽萨小姐是纽约某酒店一个餐厅的电话预订员，她每天都有一些固定的客户，某些客户的桌位还是固定的。汤普森夫妇喜欢预订周六的晚餐，一般坐在 3 号桌；亨利夫妇也喜欢预订周六的晚餐，一般坐在 10 号桌，花瓶里要放红玫瑰。这些固定客户预订的时间也相对比较稳定。

这天餐厅接到一个社会团体的年会预订，时间定在星期六晚上 7：00—8：30。这与一些固

① 资料来源：程新造，王文慧.星级饭店餐饮服务案例选析 [M].北京：旅游教育出版社，2008.

定客户的预订发生了冲突。为了争取做成这笔生意，同时又保证老客户的利益，餐厅决定让几个电话预订员紧急与老客户联系，与他们商量改时、改期或改地，并对他们实行优惠。

丽萨通知了自己的几个老客户，将汤普森夫妇的预订由原来的晚上7：30改为8：40；将莱顿夫妇的晚餐由原先星期六晚上7：00改为星期日晚上7：00，并向他们道歉，给他们一定的优惠。只有亨利夫妇的更改遇到了一些麻烦。

"亨利先生，您预订的星期六晚上8：00的晚餐，由于餐厅业务变动，需要更改时间，对此造成的不便，我们将给您相应的补偿，不知可否？"丽萨接通电话后问道。"可是我已经通知了几个朋友，星期六晚上8：00到你们酒店去。要知道你们餐厅的信誉不错，我特意请了朋友去庆祝我的生日，所以预订时间不能更改。"亨利先生说。"原来星期六是您生日，恭喜您啦。能不能换一个餐厅，我保证给您营造一个良好的生日气氛。"丽萨热心地建议道。

丽萨在征得亨利先生的同意后，为他预订了小宴会厅的餐桌，安排了冰雕、烤牛肉、火鸡、海味等美味佳肴，并免费赠送亨利先生一个生日大蛋糕。亨利先生对这次变更感到很满意。

思考：

1. 此案例中的酒店为什么要变更固定客户的预订？

2. 此案例采用了什么促销手段使亨利先生对临时变更感到满意？

三、情境实训

1. 上网查找有关婚宴的宴会促销活动，并结合所学分析该婚宴是采用什么方法促销的。

目的：使学生根据实例充分认识宴会促销的方法。

要求：查找星级酒店婚宴至少三个不同的促销类型，分析充分。

2. 选择当地四星、五星级酒店宴会部，调查其最有影响力的主题宴会宣传方法，并对其宣传方法进行比较分析。

目的：通过调查分析使学生了解宴会宣传方法在实际中的应用情况。

要求：小组调查，提交报告，选择本地四星级以上酒店宴会部。

项 目 八
主 题 宴 会 设 计

【项目导读】

　　本项目有三个任务：任务一是主题宴会概述，阐述了主题宴会的概念、特点、种类等基础知识；任务二是宴会主题策划，阐述了宴会主题策划思路和宴会主题策划注意事项；任务三是主题宴会策划程序，阐述了主题宴会菜单设计、主题宴会台面设计、主题宴会环境氛围设计、主题宴会服务设计，并进行了宴会主题典型案例分析。

【学习目标】

　　1. 知识目标：了解和熟悉主题宴会的概念；掌握主题宴会的特征与作用；掌握主题宴会的类型。

　　2. 能力目标：通过系统的理论知识学习，能分析和运用主题宴会设计的技巧，会策划主题宴会。

　　3. 素质目标：让学生掌握不同类型主题宴会的设计，并能有所创新，从而培养学生的综合运用能力和创新能力。

　　随着社会的不断发展和进步，主题宴会已超过单纯的风俗礼仪概念而成为一种新的文化产业现象，对其进行系统的研究，不仅具有积极的理论意义，而且对于指导餐饮企业及其他饮食服务机构进行宴会设计与管理亦具有现实的参考价值。

◆── 任务一　主题宴会概述 ──◆

一、主题宴会的内涵

　　主题宴会是通过一系列围绕一个或多个历史文化或其他主题为吸引标志，向顾客提供宴会所需的菜肴、基本场所和服务礼仪的宴请方式。它的最大特点是赋予宴会以某种主题，围绕既定的主题来营造经营气氛，宴会的菜品、服务、色彩、灯光、摆台、装饰以及活动都为主题服务，使主题成为顾客容易识别的特征和产生消费行为的刺激物。

　　"宴会"一词是由"筵席"发展而来的，古人席地而坐，筵和席都是铺在地上的坐具。不论是筵席还是宴会，都是借助于餐饮而进行的一种聚会形式，只是聚会的目的各有不同而已。也就是说，宴会的主题性质不同，宴会活动的表现形式也有所不同。

二、主题宴会的特点

主题宴会是指具有一定规格、一定档次、一定目的的款待客人的聚餐方式。它除了提供一般餐饮产品外，往往还有"致祝酒辞""歌舞助兴""音乐伴餐""礼仪安排"等诸多服务内容。主题宴会具有以下特点：

（一）群聚性

主题宴会是众人聚餐的一种群聚性餐饮消费方式。在宴会上，不同身份、不同地位的消费者在同一时间、同一地点，享用同样的菜点酒水，接受同样的服务，呈现出典型的欢聚一堂、聚集会餐的热闹氛围。

（二）社交性

不同的宴会有不同的目的和主题，或为庆贺特殊节日，或为贵宾接风洗尘，或为庆贺人生大事，或为祝贺大楼落成等，大到国家政府的国宴，小到民间举办的家宴都是如此。无论何种目的和主题，都离不开社交这一基本点。因此，人们把宴会称为是"电话、书信之外的重要工具"。在宴会上，人们相聚在一起，品味佳肴的同时，叙亲情友情，谈公事私事。它既是一种礼尚往来的表现形式，也是人们增加了解、加深印象、改善关系、促进业务、增进友谊的重要手段。

（三）规格化

不管是何种类型的主题宴会，规范化、专业化的服务是不可或缺的。主题宴会不同于日常便饭、大众快餐、零餐点菜，它比较讲究进餐环境、菜肴组合以及服务礼仪。主题宴会在菜肴组合上均按一定的比例和质量要求合理搭配、分类配合，整桌席面上的菜点，在色泽、味型、质地、形状、营养以及盛装餐具方面，力求丰富多彩，并因人、因事、因宴会主题及档次科学设定。在主题宴会接待礼仪和服务程序上，各个酒店都有自成一体的、严格的规范要求。同时，根据宴会的等级和主题，对宴会环境进行合理布局，对宴会台面进行巧妙摆设，力图使宴会环境、宴会台面、宴会菜品等与宴会主题相吻合，达到和谐统一，给人以美的享受。

（四）主题鲜明性

主题宴会并不是盲目举办的，它的最大特点是赋予宴会以鲜明的主题，并围绕既定的主题来营造经营气氛，选择菜肴风味、举办场所、灯光音乐、台面造型、服务方式的表现形式和就餐环境的装饰布置等。如湖北武汉猴王大酒店注重从文化作品中挖掘精华，以此作为树立形象的直接手段。该酒店由店名"猴王"直接想到了中国古典名著《西游记》中王母娘娘招待各路神仙的蟠桃宴。因此，该店从这个传说中找到发展契机，本着"出新、出奇、出特、出名、出效益"的原则，以昔日美猴王大闹天宫，搅乱了王母娘娘的蟠桃盛宴，今日美猴王要重建蟠桃盛宴，奉献至尊宴席，创造崭新菜式，为弘扬古老而又年轻的中华饮食文化做出"齐天"之贡献为宗旨，成功推出了第一届"蟠桃宴美食节"，受到各界的欢迎。"蟠桃宴"在借鉴中国各大菜系、地方名肴和西洋菜之精华的基础上，填补了中国古典名著人文宴席独缺"西游宴"这一历史空白，具有较高的文化、经济价值。因此，主题宴会整体氛围的营造、内部装修、台面创意、菜肴设计、音乐选择、服务方式等都可透出浓厚的文化气息，这就为文化竞争提供了强有力的基础，满足了现代顾客更多的精神上的享受。

（五）丰厚性

主题宴会的高档次、高要求，必然带来高消费、高收益的特征。一般而言，主题宴会的毛利率往往远高于普通宴会，它是酒店餐饮业务中平均每位客人消费额最高的业务之一。经营成功的酒店，丰厚的主题宴会收入及利润往往成为餐饮的主要经营效益。如某酒店曾推出18万元的"仿清满汉全席"大宴可谓中国饮食文化的经典之作，并因其豪华的"天价"而成为当年餐饮界的一大新闻。这家酒店承办这次"满汉全席"高档宴会既达到了树企业形象、打品牌的目的，又获取了丰厚的利润。

三、主题宴会的种类

主题宴会名目繁多、种类纷呈，按照不同的划分标准，可以将宴会划分为不同的类型。

（1）地域、民族类主题。如以地方风味为主题的宴会有钱塘宴、运河宴、长江宴、长白宴、岭南宴、巴蜀宴、蒙古族风味、维吾尔族风味、泰国风味、日本料理、阿拉伯风味、意大利风味、韩国料理等。

（2）人文、史料类主题。如乾隆御宴、东坡宴、梅兰宴、红楼宴、金瓶宴、三国宴、随园宴、仿明宴、宫廷宴、射雕宴、黄大仙宴等。

（3）原料、食品类主题。如镇江江鲜宴、安吉百笋宴、云南百虫宴、西安饺子宴、海南椰子宴、东莞荔枝宴、漳州柚子宴、湖州百鱼宴、金华火腿宴、淮南豆腐宴以及传统的全羊宴、全牛宴、全鱼宴、全蛋宴等。

（4）节日、庆典类主题。如春节、元宵节、情人节、儿童节、中秋节、圣诞节以及酒店挂牌、周年店庆等。

（5）娱乐、休闲类主题。如歌舞晚宴、时装晚宴、魔术晚宴、农家休闲宴、影视美食、运动美食等。

（6）营养、养生类主题。如胡公长生宴、美女瘦身宴、黑色宴、道家太极宴、长寿宴、生态食品宴、养生药膳宴等。

任务二 宴会主题策划

现代企业的经营管理者已越来越意识到，企业的成功，离不开精心的策划。餐饮经营也是如此，首先要明确一个切合经营实际的活动主题，这是经营策划的前提条件。目前，不少餐饮企业往往只重视菜品质量、服务质量，然而发展到一定阶段的现代餐饮企业如果没有好的品牌、特色，不进行主题餐饮的策划，就很难在行业中独树一帜，这就需要餐饮企业用心策划宴会主题，从而为企业奠定战略基础。

宴会主题的策划相当于写文章拟定中心思想一样，思路决定出路，宴会的主题正是把宴会设计的想法表达出来，因而有多少种宴会的形式就有多少种相应的思路。

一、宴会主题策划思路

（一）从顾客需求的角度分析主题

宴会主题大部分是应消费者需求而产生的，顾客需要酒店设计一个什么样的宴会形式，常常会提出自己的想法和要求，他们的想法就是主题宴会设计最重要的核心部分。如婚庆宴会是普通的宴会形式，但如果婚庆宴会的时间安排在 8 月 8 日，就非同寻常，意义特别，酒店应当满足。顾客的需求是多种多样的，主题宴会也因其多样性而变化。对现代酒店来讲，不怕做不到，只怕想不到。但对顾客的需求需要提炼与挖掘，而不是生搬硬套。

（二）从地域与酒店特色角度分析主题

我国是一个多民族的国家，不同民族有不同的饮食习惯，如果能够深挖某一区域或民族的文化特色，将民族的服装、饰物、音乐、歌舞、餐具、菜点、习俗、特产等表现出来，形成一个系统化的、完整的主题，就能够吸引消费者。以不同国家、地区、民族的特色为主题，成为主题宴会最好的素材。以区域特色来挖掘宴会主题，其内涵非常丰富，如按菜品风味来设计的主题有八大菜系风味主题等。

（三）从文化的角度加深主题宴会的内涵

餐饮经营不仅仅是一个商业性的经济活动，在餐饮经营的全过程始终贯穿着文化的特性。在策划宴会主题时，更是离不开"文化"二字。每一个宴会主题，都是文化铸就的。如地方特色餐饮的地方文化渲染，不同地区有不同的地域文化和民俗特色。如以某一类原料为主题的餐饮活动，应有某一类原料的个性特点，从原料的使用、知识的介绍，到食品的装饰、菜品烹制特点等，这是一种"原料"文化的展示。北京某酒店将饮食文化与戏曲结合起来，推出了一系列戏曲趣味菜，如贵妃醉酒、出水芙蓉、火烧赤壁、盗仙草、凤还巢、蝶恋花、打龙袍等，这一创举使每一个菜都与文化紧密相连。服务员在端上每一道戏曲菜时，都会恰到好处地说出该道菜戏曲曲目的剧情梗概，给客人增添了不少雅兴。

以怀旧复古作为宴会主题策划思路，也是当下较为流行的一种方式。通过历史再现，仿制古代宴会场景，给宾客以身临其境的感受。如西安的"仿唐宴"、杭州的"仿宋寿宴"、湖北的"仿楚宴"等，都是通过对历史文化的深度挖掘，融入现代文化元素，从而创造出以怀旧复古为主题的宴会。

主题宴的设计，如仅是粗浅地玩"特色"是不可能收到理想效果的。在确定主题后，策划者要围绕主题挖掘文化内涵，寻找主题特色，设计文化方案，制作文化产品和服务，这是最重要、最具体、最花精力的重要一环。独特的主题，运用独特的文化选点，主题宴会自然就会获得圆满成功。

【知识链接】

挖掘西餐主题宴会设计中的文化内涵[1]

一、精心推敲，找准市场，选定主题

主题宴会是通过一个或多个历史文化或其他主题为吸引标志，向顾客提供宴会所需菜肴、基本场所和服务礼仪的宴请方式。其最大特点是赋予某种主题，围绕既定主题来营造经营气氛，宴会的菜品、服务、色彩、灯光、装饰以及活动都围绕主题展开，使主题成为顾客容易识别的特征和产生消费行为的刺激物。因此，主题鲜明与否，是否能和市场无缝对接，是设计西餐台面主题时首要考虑的因素。

一般人多认为西餐针对的客户群以高档商务客人和追求浪漫情调的情侣为主。联想到爱情是人类永恒的主题，酒店便决定以"缘来是你"为设计理念，以相亲男女、年轻情侣、恩爱夫妻等人群作为台面设计（甚至是餐饮主题活动的目标客户），以预祝有情人能风雨同舟、携手一生为设计主线。这一主题不仅永远不缺乏市场，而且在这个纷繁的社会更能唤起人们对真挚爱情的向往与珍惜，有很强的市场实用性，适合中外情人节及情侣特殊纪念日等，能成为引导消费者、增强酒店盈利能力的一个有效手段。

二、围绕主题，巧妙配置台面物品

（一）色彩选择

通常多数西餐台面色调以米黄、淡咖啡、白色等淡色系为主，显得清新雅致，并带有浪漫氛围，深色系较为少见。考虑到主题是爱情，寓意是吉祥与喜庆的美好祝愿，且面对的目标客户多以中国人为主，或是年轻、追求时尚者，或是有相当品位的中年客户，所以经典、浓烈的红黑配便成了"缘来是你"的台面主色调。这样的色彩搭配既能给人很强的视觉冲击力，而且在亮丽的红色魅惑下，也能给就餐宾客带来强烈的视觉冲击，使就餐、聚会氛围更为热烈，还能凸显中国传统的喜庆气氛。

（二）布件选择与搭配

西餐台面布件中桌布与餐巾是必备品，由于桌布面积较大，能起到奠定基色的作用，所以在红黑搭配的前提下，设计者选用黑色条纹涤纶桌布。一方面，正反织法的条纹使得整张台面不似纯黑色那么呆板，显得很有质感，且有时尚感；另一方面，大面积黑色的收敛能为后来台面上相关物品的亮红色绽放起到铺垫作用。在考虑餐巾的颜色时，为了不显突兀，设计者没有直接用红色对比色，而是很巧妙地选择白色镶红边的质感棉质

---

[1] 资料来源：http://wenku.baidu.com/view/4a64f43010661ed9ad51f354.html，有删减。

口布，一则能很好地体现颜色的丰富与过渡，再则，花型顶部的红色线条减弱了大面积黑色桌布带来的厚重感，一下子给台面带来了立体而灵动的气息，且隐喻了中国传统月老的红绳，进一步烘托"缘来是你"、有情牵手的主题。

（三）餐具用品选择与搭配

1. 瓷器餐具的选配

由于主色调定位是经典红黑配，所以在桌布为黑色的前提下，展示盘就必然用红色。而且主题设计者希望所有有情人都能甜蜜、圆满，故而餐盘造型就选择了圆形，虽然看似普通，却与主题吻合。

2. 主题插花设计

主题宴会台面设计中的主题插花或主题造景，往往是台面设计的一个重点，它既能起到突出主题的作用，同时也是决定台面是否出彩的重要因素，所以这一点睛之笔同样来不得半点马虎。因为此次西餐台面是以爱情为主题，所以以插花来呼应主题是常见做法。设计者结合"缘来是你"这一主题，在花艺专家的指点下，凭借和台面主色调协调一致的配套花器为依托，装点设计了两款花形。

3. 花器选择

应该说在很多家居用品店有不少以红黑色调搭配的小摆件都可作为此张餐台花器的不错选择，而设计者在其中特意选取了一款长方黑框正红色矮瓶的花器，不仅是因为其色彩基本与餐台、座椅的主色调保持一致，不高的花器本身能为主题花的空间延伸奠定基础，更难能可贵的是它凝练主题的可塑性，该造型连同插花可寓意为用真心浇灌出美丽的爱情之花，其细节到位着实可见一斑。

4. 主题花命名与设计

常见的爱情主题花一般多以"你侬我侬""心心相印"等为意境进行设计，本次花形设计在命名上因为考虑到开门见山、呼应主题，故而也没有免俗，围绕"心心相印"这一主题来精心设计。在众多鲜花中，红掌的颜色最符合台面中的红色调，而且花形也与"心"形最为形似，所以在插花时以两支鲜艳的红掌作为主基调，相依相偎、心心相印的感觉便一下子跃然眼前。不过，太过直白和直奔主题立刻引起了两派截然不同的意见，所以在进一步设计的过程中，产生了两个不错的设计。其一，简约明朗型。在"心心相印"的基础上，在花器瓶口的花泥部分以迷你绿色苹果封口，不仅符合插花的规范，而且苹果也历来是爱情的象征物，符合主题需要，在简单明快的基础上，色彩对比也比较鲜明。其二，朦胧浪漫型。在爱情生活中，固然需要热情似火，但更多时候，含蓄朦胧的意境美可能更令人迷醉，所以在寓意一对恋人的两支红掌的支撑下，专业花艺设计者在主题花的中心位置插放了淡淡的蕾丝，在周围有序地陪衬了一些白色的心形菩提叶脉，花丛中还若隐若现地跳出几支红色的小果子，预示着美好爱情孕育出美丽的果实，一时之间朦胧的主题花和色彩鲜明跳跃的整张餐台为就餐的宾客构筑起了浪漫的"缘分天空"，一对对青年男女、中年夫妇就餐其间，怎能不沉醉于此，不唤起片片美好记忆？

因此，千篇一律的主题宴会对消费者是没有吸引力的，徒有其表的浪漫氛围营造也不一定能让消费者真心驻足。只有深入研究客人的兴趣、爱好，开发出具有特色、主题鲜明、富有个性化的餐饮产品，并着力挖掘和强化其中的文化内涵，不仅能给消费者赏心悦目、增加食欲的美好体验，而且能唤起他们的主动关注，引导消费者实施积极的购买行为，也才能使酒店餐饮主题宴会产品具有持久的竞争力。

（四）从节日、节事的角度分析主题

借助于不同节日，推出与节日的文化内涵相符的宴会形式，如"重阳宴""年夜宴""元宵宴""中秋宴""圣诞风情宴"等。不同的节日都有不同的文化内涵及表现形式，开发节日宴会时应注意有针对性地选择消费群体，如"情人节"的主要消费对象是年轻情侣。

随着我国经济的发展，节事、节会的举办成为一支新兴的朝阳业态，即会展旅游。当前我国的会展旅游具有规模大、档次高、成本低、停留时间长、利润丰厚等特点，因而颇受餐饮业重视。为了更好地举办各种会展活动，与之相配套的餐饮也会围绕会展主题策划出主题宴会。国家或地区组织的重大的节事、节庆活动，也是宴会主题产生的重要源泉。

（五）从时代趋势角度去分析主题

随着时代的发展，人们的生活观念也随之发生变化，会出现许多具有时代感的主题。如饮食观念的变化，由传统的口味逐渐转变为保健养生观，因而应运而生健康饮食主题，这样餐饮企业就会为宾客提供保健养生的就餐环境和菜点的宴会。发展到现在，此类以养生健康为主题的宴会，融入了中国传统文化中药膳养生的食疗观念，结合了现代人类的健康现状，引导客人科学消费，从而策划了许多以养生为主题的高档宴会。

近几年，远离城市的喧嚣，回归自然的怀抱，已成为众多城市消费人群的首选，因而乡村旅游得到快速发展。以休闲娱乐、体验农家生活为主题的餐饮形式成为新的热点，以农家休闲为主题的宴会是时代的需求。这类宴会活动的主题主要借助于农家生活的某些场景、氛围、环境、菜肴等，是一种让消费者体验农家风味或山野特色，具有原汁原味性的宴会形式。如上海佘山的森林宾馆利用佘山特产——兰花笋，设计了"兰花笋宴"，颇受上海市民喜爱。

二、宴会主题策划注意事项

（一）突出主题，张扬个性

宴会的主题设计最忌讳主题多元化而缺乏个性、特色。有的酒店在设计或确定主题时总是犹豫不决，不知如何取舍，虽面面俱到，看起来繁花似锦，其实不然，这样会导致每个设计环节

主题不清晰。另外一个极端是宴会的主题平淡无奇，没有创造性，随大流。推出某一个主题宴时，要求主题应张扬个性，与众不同，形成自己独特的风格。其差异性越大，就越有优势。宴会主题的差异也是多方位的，如体现在产品、服务、环境、服饰、设施、宣传、营销等方面的有形或无形的差异，只要有特色，就能吸引市场人气。

（二）名副其实，切忌空洞

近几年来，全国各地涌现了不少主题宴会，其风格多种多样，有原料宴、季节宴、古典宴、风景宴等。但有许多宴会主题过大、过于空洞，如"中华帝王宴""江南第一宴"等夸夸其谈、口号式的宴会主题，显然名不副实。宴会的主题只做表面文章，追求噱头，导致在设计主题宴会内容时引起许多问题。特别是那些古典人文宴和风景名胜宴，不少的菜品给人牵强附会之感。把几千年的菜品挖掘出来确实是件好事，但有些菜品重形式轻市场，华而不实，中看不中"吃"；还有些风景名胜宴，在盘中摆出山山水水、花花草草，还有亭台楼阁、人和动物，看上去很美，但这些菜品本身却不适宜食用，也不敢食用，违背了烹饪的基本规律。宴会主题要做到名副其实，必须使主题与区域特色、酒店定位和宴会内容相匹配。

（三）主题不断深化，传承创新

宴会的主题须不断创新和挖掘才会源远流长，继承传统兼收创新，进而产生许多新主题。如武汉猴王大酒店在成功创设"蟠桃宴"之后，没有墨守成规，而是对宴会主题不断深化，推出与《西游记》内容相关的"水帘洞宴""天宫宴""地府宴"等，形成系列"西游文化宴"。主题的创新应符合时代发展，以适应宾客需求为基准，切忌牵强附会。

◆—— 任务三　主题宴会策划程序 ——◆

主题宴会的策划是指宴会部在受理预订到宴会结束全过程中组织管理的内容和程序。其狭义的理解是指受理预订后，在计划组织环节中，根据宴会规格要求，编制一份宴会组织实施计划的书面资料，这也是宴会推销人员的主要工作内容之一。宴会预订都是连续进行的，每天每个宴会预订落实后，都要将资料录入电脑或做好记录。预订人员正式预订前都要查阅电脑或预订记录表，以便掌握已经落实的宴会预订情况和当天或未来几天哪些厅堂在什么时候可以继续预订，可以安排哪些包间、厅堂，各能安排多少客人，以防止厅堂利用发生冲突，保证满足客人的预订要求。

宴会预订的方式很多，最适合主题宴会预订的是面谈预订，因为这种方式能清楚地了解宾客的真正需求。作为承办方，应真诚邀请主办方亲自到宴会现场参观、洽谈。当主办方前往酒店时，承办方须准备足够的资料供顾客参考，如场地布局图、餐饮标准收费表、顾客容量表、饮料价目表、器材租借表、名宴场景布置彩图、各类主题宴会菜单等，尽量让主办方对酒店的设计、接待能力有深入、细致的了解；同时能尽可能多地掌握主办方的信息，尤其是与主题相关的宴会档次、特色等。如果主办方不能到宴会现场洽谈，那么宴会部须派专职人员带上相关资料前往主办方处洽谈。总之，仔细、深入的洽谈是成功设计主题宴会的第一步。

一、主题宴会菜单设计

主题宴会菜单对宴会台面不仅有点缀、推销作用，而且还是主题宴会的重要标志，可以反映不同宴会的情调与特色，因此也是宴会设计过程中的一个重要环节，需要从风格、色彩、主题等方面体现诸多考虑，精心设计。

（一）主题宴会菜单的设计要求

第一，菜单的核心内容，即菜式品种的特色、品质必须反映文化主题的饮食内涵和特征，这是主题菜单的根本，否则菜单就没有鲜明的主题特色。如苏州的"菊花蟹宴"，这是以原料为主题，即必须围绕"螃蟹"这个主题。宴席中汇集清蒸大蟹、透味醉蟹、子姜蟹钳、蛋衣蟹肉、鸳鸯蟹玉、菊花蟹汁、口蘑蟹圆、蟹黄鱼翅、四喜蟹饺、蟹黄小笼包、南松蟹酥、蟹肉方糕等菜点，可谓"食蟹大全"。再如浙江湖州的"百鱼宴"，围绕"鱼"来做文章，糅合四面八方、中西内外各派的风味。"普天同庆宴"是以欢庆为主题，整个菜单围绕欢聚、同乐、吉祥、兴旺做文章，渲染喜庆之气氛。

第二，菜单、菜名及技术要求应围绕文化主题这个中心展开。可根据不同的主题确定不同风格的菜单，应考虑整个菜名的文化性、主题性，使每一道菜都围绕主题进行，这样可使整个宴会气氛和谐、热烈，产生美好的联想。

设计主题菜单时应考虑主题文化强烈的差异性，突出个性，而不是泛泛之作。主题菜单只考虑一个独特的主题，菜单的制定必须具有特有的风格。菜单越独特，就越能吸引人，越能产生意想不到的效果。

第三，主题宴会的设计应考虑当地习俗。我国是一个多民族的国家，每个民族均有自己独特的风俗习惯和饮食禁忌，在设计婚宴菜单时应先了解宾客的民族、宗教、职业、嗜好和忌讳，灵活掌握搭配出宾客满意的菜单。比如传统的清真婚宴八大碗、十大碗中的菜品通常以牛羊肉为主，讲究一点的配上土鸡、土鸭、鱼等菜肴，有着丰富的民族特色。

（二）主题宴会菜单的设计流程

主题宴会菜单的设计是一项复杂的工作，是宴会活动最关键的一环。一套完美的宴会菜单应由厨师长、采购员、宴会厅主管和宴会预订员（代表顾客）共同设计完成。厨师长应熟知厨房的技术力量与设备，使设计出的菜点能保质保量地生产加工，还能发挥专长以体现酒店特色；采购员应了解市场原料行情，能降低菜点的原材料成本，增加宴会利润；宴会厅经理能根据宴会厅接待能力来指导菜单设计。顾客是上帝，能让顾客参与设计菜单，就一定能够使赴宴者称心满意，这样才能设计出顾客满意、酒店获利的菜单。菜单的设计步骤具体如下：

第一步，充分了解宾客组成情况以及对宴会的需求。

第二步，根据接待标准，确定菜肴的结构比例。

第三步，结合客人对饮食文化的特殊喜好，拟定菜单品种。

第四步，根据菜单品种确定加工规格和装盘形式。

第五步，列出用料标准，确定盛装器皿，进行成本核算。

第六步，根据宴会主题拟定菜单样式，进行菜单装帧策划。

二、主题宴会台面设计

主题宴会台面设计就是主题宴会经营服务者根据宴会的主题、规模、档次、餐饮风格、就餐环境、场地形状、客人特殊需求等要求，通过一定的艺术手法和表现形式，布置优雅大方、实用美观的就餐台面。

（一）主题宴会台面设计的基本要求

一个成功的主题宴会台面设计，既要充分考虑到宾客用餐的需求，又要有大胆的构思、创意，将实用性和观赏性完美地结合，所以在主题宴会台面设计时，至少要满足以下几个基本要求：

1. 根据宾客的用餐要求进行设计

在进行主题宴会台面设计时，每个餐位的大小、餐位之间的距离、餐用具的选择和摆放的位置，都要首先考虑到宾客用餐的方便和服务员为宾客提供席间服务的方便。

2. 根据宴会的主题和档次进行设计

主题宴会台面设计应突出宴会的主题，例如：婚庆宴会就应摆"喜"字席、百鸟朝凤、蝴蝶戏花等台面，如果是接待外宾就应摆设迎宾席、友谊席、和平席等；同时，主题宴会台面设计还应根据宴会档次的高低来决定餐位的大小、装饰物及餐用具的造价、质地和件数等。

3. 根据宴会厅装饰格调来进行设计

主题宴会台面设计必须与宴会厅装饰格调协调。如果餐具摆放、装饰物的造型色彩等与餐厅的环境相融、相得益彰，就好比锦上添花，再加上美味飘香、服务周到，定会令人如沐春风、似返故里。由此可见，根据宴会厅气氛格调和希望表达的状态来设计餐具和装饰物的造型、色彩与质感是十分必要的。

4. 根据主题宴会菜点和酒水特点进行设计

餐具及装饰物的选择与布置，必须由主题宴会菜点和酒水特点来确定。不同的主题宴会配备不同类型的餐具及装饰物。如中式主题宴会应选用传统的中餐具；食用什么菜点应配备什么餐具；饮用不同的酒水也应摆设不同的酒具。

5. 根据主题宴会美观性要求进行设计

主题宴会台面设计在满足以上实用性的基础上，应结合文化传统、美学结构进行创新设计，将各种餐具加以艺术陈列和布置，以起到烘托宴会气氛、增强宾客食欲的作用。

6. 根据主题宴会进餐礼仪进行设计

主题宴会台面设计时，应充分考虑到国际交往的礼仪，例如按照国际惯例安排翻译、陪同的餐位；餐具、台布、台裙、餐巾颜色及所选用的插花或餐巾折花应适应宾客的民族风俗和宗教信仰等。

7. 根据主题宴会安全卫生的要求进行设计

安全卫生是饮食行业提供服务的前提和基础，也是主题宴会台面设计时应考虑的重要因素之一。要保证摆台所用的餐用具都符合安全卫生的标准，在摆台操作时要注意操作卫生，不能用手抓餐具、杯具的进口或接触食物的部分。

（二）主题宴会台面设计的步骤与方法

成功的主题宴会台面设计，就像一件艺术品，令人赏心悦目，给参加宴会的宾客创造出了隆重、热烈、和谐、欢快的气氛，因此，主题宴会台面设计已成为现代宴会不可缺少的环境布置。下面简单介绍主题宴会台面设计的步骤与方法。

1. 根据宴会目的与目标顾客特点来确定宴会主题

主题宴会台面设计首先要明确宴会主题，这与文学家创作诗文前要先有一个主题思想再以文字表达，画家先有了主题思想再以画笔渲染成画的道理是相同的。主题宴会台面主题的确定依据是消费者的用餐目的、年龄结构、消费习俗、顾客心理、经济状况等因素。例如，为开业庆典而设计的台面，应该根据庆典的内容、性质及参加庆典人员的多少、文化层次等来确定宴会台面的主题和格调。如参加者以年轻人为主，应以色彩明快、时尚新意的台面格调为主，表现奔放、热烈的主题，营造活泼、欢快的喜庆气氛。

2. 根据主题宴会台面寓意命名

大多数成功的主题宴会台面，都拥有一个别致而典雅的名字，这便是台面的命名。只有给主题宴会台面恰当的命名，才能突出宴会的主题，暗示台面设计的艺术手法，增加宴会气氛。具有代表性的命名如"中国茶宴""珠联璧合宴""蟠桃庆寿宴""梦幻漓江迎宾宴""圣诞欢庆宴"等。

3. 根据主题宴会场地规划台形设计

宴会厅场地和台形的安排方式，原则上必须根据宴会厅的类型、宴会主题、宴会形式、宴会厅场地大小、用餐人数以及主办者要求等因素来决定。

4. 根据宴会的主题创意设计台面造型

（1）主题宴会的台布选择与台裙装饰。每个主题宴会都有它的特定主题，当然也要有和主题相配合的装饰。因此台布、台裙的颜色、款式的选择要根据宴会主题来确定，以体现服务的内涵。台裙可以选用制作好的常规台裙，可以选用丝质桌盖，上铺台布，也可以选用高档丝绸来现场制作造型各异的台裙。如寿宴餐台可以选用红、黄相间的动感台裙，其色彩传统，造型现代，红的热烈，黄的富贵，使寿宴主题尽显其中。

（2）主题宴会的餐具选择与搭配。现代餐饮市场上的餐酒具主要有中式、西式、民族式、日式、韩式等不同风格，质地、形状、档次也有相当大的差异。主题宴会餐用具应为自用或特制的餐用具，再搭配形态万千的摆台造型，不仅能满足顾客进餐的需要，同时还有渲染主题宴会气氛、暗示促销、美化餐台的重要作用。

（3）主题宴会的餐巾折花造型。丰富多彩的各类各色餐巾通过一些折法的变化和手艺的创新，可以折制出千姿百态的造型，并能衬托出田园式、节日式、新潮式、超豪华式等不同宴会主题和气氛。

（4）主题宴会的菜单设计、装帧与陈列。主题宴会菜单对宴会厅不仅有点缀和推销作用，而且还是主题宴会的重要标志，可以反映不同宴会的情调和特色，因此宴会厅的服务人员必须根据宴会的主题精心设计菜单的装帧及陈列方法。

（5）主题宴会的花台造型。台面花台造型设计是主题宴会台面布置的一项艺术性很强的工作，要求服务员根据不同类型的主题宴会，设计出不同花型，既美化环境，丰富餐台造型，又能烘托宴会和谐、美好的气氛，体现出宴会的隆重。

（6）宴会的餐垫、筷套、台号、席位卡布置与装饰。在主题宴会台面布局中，虽然餐垫、筷套、台号、席位卡是一个个较小的因素，但其作用不容忽视，设计者必须根据宴会的主题风格、花台的主色调、餐具的档次、宴会的规格、宾客的要求精心策划与制作。

（7）餐椅的布置。餐椅的主要功能是供宾客就座之用。主题宴会餐台设计与布置中常用的餐椅多选用优良原木制成，它一般相对固定，而宴会设计师采用椅外增加纺织品坐垫、椅套等作为装饰，可改变其色调与风格，使其与餐台的其他用品协调，与整个宴会主题相符合。如在以红色和粉色为主色调的婚宴摆台中，可以粉色丝绸制成的蝴蝶结挂在椅后，一束粉色玫瑰插于蝴蝶结中的特有方式向新人表达美好的祝福。

三、主题宴会环境氛围设计

主题宴会环境设计是指依据宴会的主题、形式、标准、性质、宾主要求和宴会厅的装修风格，对宴会环境中的灯光色彩、墙饰标志、家具器皿、花卉盆景、窗帘服饰等非固定化要素进行设计和装饰布置的方法。

（一）主题宴会环境设计的重要作用

1. 是形成宴会等级规格、获得优良经济效益的物质基础

主题宴会经过精心设计，选择与其宴会主题相适应的个性装饰风格，既能营造协调美观、环境典雅、气氛宜人的高档宴会场所，又是广泛吸引客人、获得优良经济效益的重要条件。所以，宴会经营者必须十分重视主题宴会环境的美化设计、装饰布置，确保宴会等级规格，才能获得优良的经济效益。

2. 是创造主题宴会个性特点、满足客人消费需求的重要条件

现阶段，我国宴会市场已经形成了一个比较成熟的市场竞争格局。而客人早已不满足于物质的需要，他们追求的是物质和精神享受的完美结合。因此，由宴会环境设计和装饰布置所形成的主题宴会个性就成了满足客人消费需求、开展市场竞争的重要条件。

3. 是弘扬饮食文化、提供优质服务的客观要求

饮食文化包括以产品烹制为主的烹饪文化、以装饰美化为主的精神文化和以服饰礼仪与操作为主的行为文化三个方面。因此，搞好主题宴会的环境布置、装饰美化、服饰礼仪及服务操作，

本身就是弘扬中华饮食文化的客观要求和具体表现。另一方面，主题宴会环境布置，既要做到美观大方、舒适典雅，又要搞好空间布局、通道安排、路线设计，确保为客人就餐和服务人员的现场操作服务创造良好条件。所以，主题宴会环境设计与装饰布置也是弘扬饮食文化、提供优质服务的客观要求。

（二）主题宴会环境设计的内容与方法

主题宴会环境设计与布置装饰内容主要是指除了原有的固定设施、家具、照明设备外，与主题宴会相适应的各种装饰物，具体如下：

（1）色彩运用。色彩是宴会装饰布置的重要因素和表现手法。色彩运用的艺术处理重点要解决三个方面的问题：一是突出宴会装饰主题和风格。如以茶文化为主的宴会主体色调应突出淡雅、清丽，给客人清心脱俗之感；"圣诞大餐"主题宴会应以红色、金色和白色为永恒的主色调，突出圣诞节文化和欢乐气氛；在中式婚宴的设计中，红色作为中国人心目中的吉祥喜庆色彩，给新人和来宾以幸福美满的喜悦感；在以南美风情为主题的宴会中，以巴西热带雨林的绿色、棕色为基调，点缀以红、黄、蓝等亮丽的色彩，从而烘托出热烈浓郁的热带雨林气氛，给客人以强烈的异域感。二是反映宴会厅装饰布置的发展趋势。现代各类宴会厅的装饰布置在保证突出其主题和风格的基础上，其颜色选用大多以反映自然、朴实、清新、返璞归真为发展趋势。例如，仿宫廷宴家具的颜色，多以高档红木家具的深红、浅紫红为主；而农家宴家具则多以现代木质家具的本色为主，越自然越好。三是主题宴会色彩的运用与设计既包括基调的确立，也包括墙面、地面、台面及装饰物的色调组合。即首先要注意色相的组合；其次要注意明度的确定；再者要注意色彩的饱和度。一般来说，色彩的使用要能突出主题，符合功能需要，力求和谐自然。

（2）天花装饰。主题宴会的天花板又称天棚、顶棚，有悬吊式、平整式、凹凸式、井格式、结构式、透明式、帷幔式等各种形式。其装饰布置的总体要求是：天花板装饰形式与宴会主题气氛相吻合。如特定环境或气氛的西式主题宴会，可选用帷幔式、绿色藤蔓式、透明玻璃顶式天花板艺术处理手法营造轻柔飘逸、温馨浪漫的婚礼气氛，其中帷幔式手法与主题气氛最为吻合，其具体布置手法是将美观大方、简洁明快的宽幅装饰布固定在天花板中央，向四周或两边发散，使中间形成一个被帷幔包围、形似帐篷的天棚；也可借建筑结构的框架将宽幅装饰布固定，做交叠重挂，形成类似大波浪的天花板装饰，这种天花板装饰不仅造价低，而且美感效果明显，并且有着很好地烘托宴会主题气氛的作用。

（3）墙面装饰。墙面与天花板、地面互相衬托，与宴会家具、台面互相配合，形成宴会厅空间构图的主体和气氛。宴会墙面装饰布置的基本要求是：主题鲜明、美观大方、清新明快。其艺术处理手法要重点注意以下两个方面：其一，宴会主墙（舞台）的装饰布置。主墙（舞台）决定宴会装饰布置的主题和风格，一般都要经过精心设计、认真选择装饰画面或图案及其艺术处理手法来形成主墙装饰。其装饰布置的画面、图案可以选择大中型壁画、舞台主题插花、壁毯、国画、竹木金属浮雕、工艺挂毯刺绣、彩绘瓷画、西洋绘画、主题布景彩画等。画面构图的内容要根据宴会性质、经营风味、宴会主题和风格等多种因素来确定，以保持主墙装饰能够反映宴会布置的主题和风格。如由某中药公司所举办的大型主题宴会舞台设计积极配合主办单位的性质及开会内容，设计以中药的意象为依托，在主墙（舞台）上摆置象征各类草药的绿色植物；主墙（舞台）背板以著名唐诗以及传统中国图绘，传神地表达出了中药的历史传承及其独特性。由此实例可知，成功且切题的主墙（舞台）设计对宴会主题的确有画龙点睛之妙。其二，侧墙或一般墙面的装饰布置方法是以墙纸装饰为主，必要时选择一两幅与主题装饰画面、图案配合良好的字画、条幅装饰即可，画面宜少不宜多，宜简不宜繁，要让客人有清新的感觉。

（4）地面装饰。地面是宴会厅客人最直接、最经常接触的空间围护体。其装饰布置的基本要求是：平整美观，图案简洁，主题突出，坚固耐磨，防滑保暖，防潮隔音，易于清洁。瓷砖和大理石等贴面装饰地面一般为固定装饰，变化比较少，在此不深入介绍。而地毯地面却可根据宴会主题风格选择与装饰布置协调统一的颜色和图案，如中式国宴在走道上铺以大红地毯直达主墙（舞台），供国家重要领导进宴会厅举行欢迎仪式之用，显示隆重热烈、气势宏大的宴会气氛。

（5）人工景致装饰。人工景致是为了创造和突出宴会装饰布置的主题风格和特定意境，经过精心设计而创造出来的某种特定微型景观。如江南水乡风情的主题婚宴必须是具有某一特色的江南水乡风情和水乡文化而不是其他风情或文化；另外，其人工景致的主题创造必须选择能够反映其地域、民族和历史文化特色的装饰材料和表现手法，如假山、池塘、水池、竹林、芭蕉、农家小院、布、渔船等；还有人工景致的主题造型和装饰布置必须和宴会厅的外观装饰、室内天花、墙面、地面的装饰布置和宴会厅分区功能布局保持协调配合，并形成主要景观，形成特定意境，增强宴会的美感效果和形象吸引力。

（6）绿化装饰。宴会厅的绿化多采用盆栽，一般摆放在厅门两侧、厅室的入口、楼梯进出口、厅内的边角或中间。举行隆重的大型宴会时，主台的后面要布置大型的花坛或青松翠柏等盆树；餐台上可以放置盆花或插制盆花，形成热烈欢快的气氛；主桌台面的装饰应与其他桌有区别，可以布置得更加华丽一些。正式宴会设有致辞台，一般设在主台的后侧面，其台前可摆花篮、盆栽，台上可用鲜花布置。

（7）标志装饰。宴会的标志主要有旗帜、标语、横幅、徽章等。标志是根据宴会的要求进行布置的。国宴要在宴会厅的正面并列悬挂两面国旗，遵循"右为上、左为下"的惯例。由我国政府宴请来宾时，我国的国旗挂在左方，外国的国旗挂在右方；若来访国举行答谢宴会时，则要相互调换位置。

在举行婚宴的餐厅，可以张挂宫灯、彩条，张贴大红双喜字，服务人员穿红色的礼服；在中年人或老年人的寿宴中，则要张贴大寿字；在产品新闻发布会上，要悬挂横幅。另外，宴会厅各处可有规则地布置产品宣传广告画，以突出宴请的主题，形成热烈欢快的气氛。

（8）灯光装饰。灯光装饰是主题宴会室内装饰布置的重要内容。良好的光照艺术处理可创造和强化宴会环境气氛、情调，突出装饰美化功能和食品展示效果。主题宴会装饰布置的光照艺术处理在满足餐厅光照的功能基础上，可根据主题宴会活动装饰和销售需要，选用适宜的光照艺术。如圣诞节庆典宴会的圣诞树宜选用五光十色的小玻璃灯装饰，春节元宵团圆宴会可以选择各种精巧美观的花灯装饰，万圣节的西式主题宴会可以选用布置怪异的鬼脸南瓜灯饰等。此外，为了强化宴会销售，增强客人用餐气氛，还可以在晚间采用精致的烛台灯具和烛光照明，再配之音乐、钢琴伴奏，使客人感到别有一番情趣。

（9）温度、湿度和气味。温度、湿度和气味是宴会环境气氛的另一方面，它直接影响着顾客的舒适程度。顾客因职业、性别、年龄的不同而对宴会厅的温暖度有不同的要求。通常来说，妇女喜欢的温度略高于男性；孩子所选择的温度低于成人；活跃的职业使人喜欢较低的温度。此外，季节对宴会厅的温度也有影响：夏天，宴会厅的温度要凉爽；冬天则要温暖。一般来说，宴会厅的最佳温度应保持在21℃—24℃。

湿度会影响顾客的心情。湿度过小，即过于干燥，会使顾客心绪烦躁，从而加快流动。反之，适当的湿度，能增加宴会厅的舒适程度和活跃程度，减缓顾客的流动。

气味也是宴会气氛的重要因素。气味通常能够给顾客留下极为深刻的印象，顾客对气味的记忆甚至要比视觉和听觉记忆更加深刻，因此宴会厅要对气味进行严格控制。

四、主题宴会服务设计

影响宴会成功的因素有很多，如灯光、棉织品、餐具、音响、菜肴、酒水、节奏、服务员的仪表和服务技术，甚至服务人员的情绪和态度等。对这些因素应进行有效的计划、组织、安排，使之和谐统一，从而为宴会提供周到的服务和创造良好的宴会气氛。

服务设计是主题宴会设计的一个重要组成部分，也是宴会服务成功与否的关键所在。在一个主题宴会的整体进行过程中，服务人员所提供的服务是动态的，它不同于菜肴、点心和周围环境的不变性，别出心裁的服务设计可以为宴会增光添彩，成为流动的风景线。主题宴会服务设计主要包括预订服务、人员组织方案、环境营造、菜肴服务、宴会程序与标准、席间娱乐活动、接待礼仪、台面布置和安全设计等内容，涉及美学、园林艺术、心理学、民俗学、管理学、营养学、烹饪学等方面的学科知识，正因如此，它要求宴会设计师要有较高的文化素养和较全面的综合知识。

（一）主题宴会预订服务设计

宴会部受理预订，是主题宴会服务组织的第一步，预订工作做得好与坏，直接影响到菜单的编制、场地的安排以及整个主题宴会服务的组织与设施。主题宴会预订服务设计及方法如下：

1. 预订洽谈

预订人员一旦获悉顾客有举办宴会的意愿，应该真诚邀请顾客亲自到宴会现场看场地，并准备足够资料供顾客参考，例如场地布局图、餐饮标准收费表、顾客容量表、饮料价目表、器材租借表、名宴场景布置彩图、各类主题宴会菜单等，并按照客户宴会洽谈表，做好预订记录。倘若客人无法亲自前来酒店洽谈，也应以传真的方式将资料传送给顾客或电话告之宴会事宜，以增加促成主题宴会生意的可能性。

2. 预订确认及签订宴会合同书

经双方协商后，可将经过认可的菜单、酒水饮料、场地布置等细节资料以宴会合同书的方式迅速交至客人手中，请顾客在合同书上签字。大型主题宴会的合同签署要在宴会前一个月进行。如果是提前较长时间预订，应主动用信函或电话方式保持联络，跟踪查询。为了保证宴会预订的成功率，可以要求宾客预付一定的定金，当发生取消预订的情况时，涉及现金退偿问题，定金是全部还是部分退偿客人，取决于双方的规定。

3. 发布宴会通知单

预订部在与客户谈妥宴会细节后，对内应发布一份类似公文的宴会通知单，告知各个单位在该宴会中其部门所应负责执行的工作。由于成功举办一个主题宴会需要许多部门通力合作，所以如果一张主题宴会通知单能够清清楚楚地将所有工作事项列出来，对于举办宴会将有很大的益处。

4. 召开各级会议

在主题宴会举行之前，应召开各级会议以确定各自的职责，针对主题宴会涉及而合同中没有列明的各种因素进行讨论，并由宴会负责人与客人进行磋商，进行必要的补充，以期获得圆满的宴会效果。

5. 资料建档

专设档案来保存举办过的主题宴会资料，能使曾经举办过的宴会成为将来生意的来源。尤其是每年都固定举办宴会的公司或个人，更应该将其历年宴会举办的情况详加记录，以便完善主题宴会服务。

（二）主题宴会人员组织方案设计

在不同的主题宴会中，酒店应根据客人的要求做出合理的岗位安排，明确员工的工作任务，并根据主题的性质事先进行相关内容的培训，不断丰富和提高员工的服务知识和技能。在进行人员组织方案设计过程中，可着重考虑以下两个方面的工作内容：

1. 根据主题宴会次数和客人数，确定日上岗人员数量

宴会服务人员可以分为以主管、领班为主的固定人员和根据客人多少变动的服务人员两类。每天上岗人数的确定方法可参考如下公式计算：

$$日上岗人数 = \frac{每班预订宴会人数}{平均劳动定额} \times 班次 + 固定员工人数$$

2. 做好主题宴会人员现场服务方案设计

在确定每天上岗人员数量和班次的基础上，服务人员的现场服务方案设计主要包括两个方面：一是人员分工。主题宴会服务可分为迎宾领位员、吧台饮品员、传菜员、看台服务员、音响师、保安员、收银员、宴会司仪等。这些不同工种的人员分工要具体落实。二是分组人员台面服务的任务安排。如果一个主题宴会规模大、客人多，要将宴会服务的台面分为 A、B、C、D 等不同的区域，每个区域安排一个小组分别负责不同台面的现场服务。据此应做好宴会服务

人员现场服务方案设计，明确小组每个人员的具体分工和任务，确保主题宴会现场服务的顺利进行。

（三）主题宴会服务的程序和标准设计

在宴会前的准备工作完成的基础上，主题宴会服务程序设计包括客人到来时的迎接、客人进入餐厅的引导服务、拉椅让座、宴前茶水和饮料服务（如西餐宴会的餐前鸡尾酒）、开宴中的上菜斟酒、派菜服务、席间活动等。中式主题宴会服务具体程序和标准设计的内容如图8-1所示。

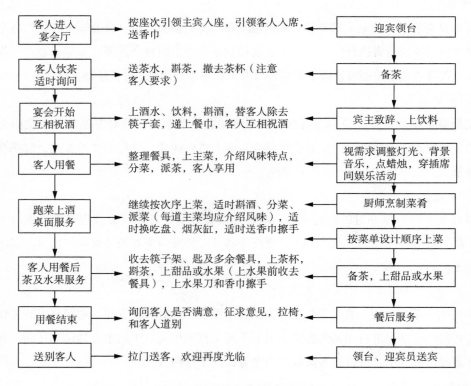

图8-1 中式主题宴会服务程序图

（四）主题宴会菜肴服务设计

菜肴是主题宴会服务产品极为重要的组成部分，科学合理的菜肴服务设计方案是整个主题宴会服务的灵魂。

1. 主题宴会上菜顺序设计

主题宴会是一种隆重的聚餐活动，一般情况下将贵重的、有特色的菜作为头菜先上，其他菜肴根据宴请菜单及当地生活习惯编排。由于中国的地方菜系很多，又有多种宴会种类，如著名的蔬菜席、海参席、全羊席、满汉全席等，地方菜系不同，宴会席面不同，其菜肴设计安排也就不同，在上菜程序上也不会完全相同。例如，全鸭席的主菜北京烤鸭，就不作为头菜上，而是作为最后一道大菜上，人们称其为"千呼万唤始出来"。又如上点心的时间，各地习惯亦有不同，有的是在宴会进行中上，有的是在宴会将结束时上；有的甜、咸点心一起上，有的则分别上。这就要根据宴会的类型、特点和需要，因人因事因时而定。

2. 主题宴会菜点服务方式设计

主题宴会是一种高品位的社交方式，其享受程度高，十分讲究现场服务的礼遇规格、环境气氛。菜点服务应根据宴会目的和主题，宴会的类型、特点和顾客需要，选择设计出主要菜点的内容、名称、造型、上菜顺序、服务方式，使菜肴服务设计有利于强化宴会活动的主题和气氛。如英国女王伊丽莎白访问中国时，广东省政府在白天鹅宾馆举行大型的欢迎宴会，其中一道菜是"金红化皮乳猪"。上菜时，由"侍女"手提宫灯在前引导，后跟着唐装服饰的两轿夫抬着装有"金红化皮乳猪"的轿子，后面由服务员手托乳猪进场。这种服务方式令外国宴客大为惊叹，收到了非常好的效果。

3. 主题宴会上菜进程设计

主题宴会多有时间限制，大部分在一个半小时左右，有时还在宴会中穿插一些活动，如致辞、祝酒、赠物、表演等。致辞一般不宜太长，控制在 3 分钟左右为宜，特殊情况下，也可将主、宾致辞分开进行；主人的欢迎词安排在食冷盘前，主宾的答谢词安排在头菜食用一半后，或所有的热菜上完之后；祝酒在致辞后随即进行；赠物一般安排在宴会开始之前，在会客厅或休息厅进行；表演安排在大菜上席的间隔进行，以形成宴请高潮。

（五）主题宴会服务礼仪设计

主题宴会服务礼仪设计的内容有迎宾形式的礼仪、接待礼仪和服务员仪表服饰礼仪的设计。

迎宾形式设计一般根据主题宴会的档次规格、宴请对象及客人的要求综合考虑，其迎宾形式有以下几种：由酒店或部门领导率领迎宾员迎接，适用于欢迎重要客人；不在门口设迎宾员，而为主宾或夫人献花，适用于保密性或宾客安全要求严格的宴请活动；由迎宾员和圣诞老人一起在宴会厅门口迎接宾客到来并向每位宾客分发节日礼物，适用于圣诞节日气氛的宴请活动。

许多民族、国家在举办宴会时忌讳不吉利的语言、数字，讲究讨口彩，服务员应灵活运用服务语言，为宾客提供满意的服务。如在香港人举办的节日主题宴会中，服务员应以"恭喜发财""节日愉快"来问候，而不能说"新年快乐""节日快乐"，因"快乐"与"快落"谐音；在新加坡人组织的主题宴会中，应避免使用祝颂语"恭喜发财"，因新加坡人对这种问候方式极其反感，认为含有教唆别人去发不义之财、损人利己的意思；在美国人组织的主题宴会中，忌把台形设计成"13"桌，因为美国人认为这一数字是厄运和灾难的象征。

主题宴会中服务人员的仪表服装礼仪也是衬托和渲染主题和气氛的一部分，尤其是举办区域性和民族性为主题的宴会，员工制服的协调显得尤其重要。不同的宴会主题，餐厅的环境布置不同，服务员的服饰装束也应该有所区别。在一般主题宴会上，服务员可在专门的宴会工作服上佩戴不同的装饰物来获得宴会整体效果；在具有中国特色的宴会上，服务员小姐可穿旗袍，显得亭亭玉立、落落大方，在服务时能营造一种幽雅的用餐环境；在中国民间乡土风情主题宴会上，蓝印花服饰、手绘服饰、蜡染服饰、绣花服饰等是最佳选择，它们朴素浑厚，弥漫着浓浓的乡情；颇具特色的民族节日盛装是少数民族主题宴会喜用的服饰；中国宫廷宴会，常见的有各种宫廷宴以及清代的满汉全席，不仅服务员穿古代服装，而且让部分外宾也身着中国古代宫廷服饰，边欣赏传统宫廷音乐，边品尝宫廷美食，对外宾了解中国文化有推动作用；热带风情的主题宴会常见的服饰有夏威夷衫、波拉衫、草裙、花环等；着和服、穿布袜、踏木屐是日本主题宴会服饰的一个基本特征；韩国人喜欢穿白色服装，故有"白衣民族"的称号；圣诞节宴会宜采用圣诞老人传统服饰，色彩以红色为主，白色镶边，红色圆锥形绒球帽是必不可少的装饰。总之，主题宴会服饰的选择是根据世界各地、各民族服饰习俗设计的，要求符合宴会服务服饰的基本要求，切忌铺张、盲目照搬，将服饰的装饰和功能性巧妙地结合起来，才能达到最佳的服饰效果。

五、主题宴会典型案例分析

主题宴会餐台设计是餐饮服务技能技巧的重要组成部分，它的设计体现了酒店的高级服务水准与高级接待能力。宴会通常要求环境与文化氛围、装饰装潢与宴会主题相协调，设计应突出主题创意，以顺应时代的潮流，将美好的设想、大胆的构思融进主题宴会中。下面以几个风格各异的主题宴会餐台设计为实例，供学习参考。

（一）"桂林山水宴"（国宴、商务宴）主题宴会餐台设计说明

设计单位：广西桂林榕湖饭店；设计者：肖燕。

1. 设计意图

"江作青罗带，山如碧玉簪"是桂林山水的最佳写照。大自然的鬼斧神工，造就了一颗璀璨的东方明珠——山水甲天下的旅游名城桂林。诸多的历代名人，世界各国的国家元首、要人纷至沓来，叹为观止。桂林榕湖饭店国宾楼特此通过台面设计，把桂林山水展示在世界各族人民的面前，歌颂勤劳、智慧的桂林人民用双手装扮美丽的桂林城，为世界各族人民架起了友谊的桥梁。

2. 设计手法

"桂林山水宴"气势堂皇，宴会餐台以金黄、红、浅绿为主色调，红色热烈，黄色至尊，淡绿色典雅，紧扣主题。选用质量上乘的餐具、晶莹剔透的水晶杯体、金质餐具进行摆设，显示着尊贵、气派、典雅。中心展台设计别具匠心，利用民族工艺，将技术、艺术融为一体。设计师利用黄色的金丝绒布精心制作，朵朵黄玫瑰铺在台面尤显尊贵，中心采用形态各异的桂林山石、民族风雨桥、古老的水车和刘三姐与阿牛哥乘坐的小船作为饰物，摆放错落有致。风雨桥寓意着搭建世界各国人民的友谊；刘三姐、阿牛哥的对唱，唱响着世界和平与发展。浅绿色的台布和中心的设计，形成了千峰环立、一水抱城、洞奇石美的独特景观。桂林山水宴会餐台雍容华贵，气势恢宏，它富足而不失高雅，它传统而不失现代，这组餐台适合于政府宴请贵宾、高级商务洽谈、中国官员宴请外国使臣等。整个设计浑然一体，体现了设计者深刻的寓意。

（二）"商务宴会"主题宴会餐台设计说明

设计单位：顺峰餐饮管理集团。

1. 设计意图

这是一组中法商务宴会，专为北京科技公司与法国达能公司合作签约而设计的，为中法两

国的友谊搭建了桥梁。

2. 设计手法

宴会主办方是中方公司，设计者选用了对法国贵宾最为尊重的法国国旗的蓝、白、红三色作为宴会设计主色彩。餐台选用了白色台布，台布上分别配两条蓝色、红色的缎带。台裙使用红、蓝两色绸质布料，宴会设计师用灵巧的双手将台裙现场别制成波浪造型。餐台插花采用了独特的风格，它摒弃了传统的圆形插花，大胆地使用了三角造型，其三角形的三边错落有致。三角形正中摆放着中法国旗，庄严而肃穆。设计者用巴西木叶制作了三组叶状容器，每组容器中分别设计了不同的花形：左上侧使用紫色龙胆为主花，黄色玫瑰为辅花，色彩高贵亮丽；右上侧使用红色玫瑰配以浅粉色百合，热烈而不失温馨；下侧是白色玫瑰与绿色多头玫瑰相间，其色彩淡雅而显青春活力。整个三角造型恰似中国的万里长城，线条分明而意喻坚固，又似商务活动中的合同条款，清晰而明朗。这样的插花带给宾主们全新的艺术感受。摆台从主人位开始，依次摆放展示盘、金器和水晶杯，最后摆放大红色三明治造型的餐巾花。中法宴请选用红、白、蓝三色，其主题一望即知。

（三）"学士宴"主题宴会餐台设计说明

设计单位：广西桂林溶湖饭店；设计者：肖燕。

1. 设计意图

进入新世纪，餐饮业已集时尚和文化于一体，此宴会注重消费者的需求，为学子们、商人们、政客们精心设计。

2. 设计手法

厅堂背面的针葵及金橘的布置正如中国文人傲骨、坚忍、多姿、长青的风范，墙壁的国画道不尽中国文人墨客的修养与境界。宴会餐台以红色和白色为主色调，不失高贵与热烈，为过于凝重的"学士宴"增添了生机。餐椅选用粉色椅套，装饰碟选用宝蓝色调，更显优雅的韵味。中心台面创意新颖，构思独特。兰草的矫捷、盆景的傲骨，更显挺拔向上，象征学士文人的清雅、率直，似永不停止的追求。文房四宝摆在台面中心，笔架、狼毫、砚台、镇尺、苍劲有力的楷体书法，展现了五千年璀璨的中国文化。鹅卵石、檀香扇、书签、文人、绣球的摆放错落有致。一盘未下完的棋，犹如学者的风雅，为"学士宴"添加了柔美的韵味。悠长的中国文化已融汇于当代饮食之中。这组宴会餐台适用于各种顾客群体，年长的学者，年轻的墨客，闹中思静的企业家，甚至国际友人都可以在这样的环境中品一杯清酒，享一碟佳肴，畅谈古今，纵横中外，多么惬意。

（四）"壮乡迎宾宴"主题宴会餐台设计说明

设计单位：广西南宁明园新都大酒店；设计者：陈志敏。

1. 设计意图

"五里不同风，十里不同俗。"不同的国家、地区和民族，有不同的风俗习惯，在餐饮消费中更呈现"百花齐放、各具千秋"的恢宏气势。设计者创作这一"壮乡迎宾宴"，主要是以壮族为代表的少数民族奇异的风俗、悦耳的歌声、多姿的舞蹈、绚丽的服饰，在餐桌中构成一幅幅色彩斑斓的民族风情画卷来喜迎嘉宾。

2. 设计手法

宴会选用红色台布作为餐台底垫，上面铺设壮锦台布更显民族特色。台面中心以古典的竹垫衬底，花台采用了小菊、向日葵代表着丰收景象，春雨和巴西叶代表着山涧的流水。作品插出那飘扬的丝带、斜逸的枝叶、优雅的造型和深邃的意境，使人仿佛聆听到美妙的山水的音乐与民族的歌舞。台面还选用了竹筒酒壶、绣球及具有壮乡代表的铜鼓为装饰，寓意着壮乡人民以民族特色营造一个新颖、独特的就餐氛围，搭建一个连接各民族人民团结友谊的桥梁。餐具采用兰花竹子花纹的瓷器摆设，酒杯选用竹节杯与主题呼应，每个餐位上铺设天蓝色的壮锦布垫。餐巾也选用天蓝色壮锦亚麻布，菜单设计选用特色竹签为菜单，与台面主题风格协调。服务员身着壮乡服饰热诚地服务，融入为宾客特别设计的主题宴会中。浓浓的壮乡色调，更显出壮乡人民热情好客的古朴浓郁的民族风情。这组宴会，古朴却不失华丽，适合各类来访、旅游、观光宾客。

（五）"茶宴"主题宴会餐台设计说明

设计单位：广西南宁明园新都大酒店；设计者：何丽华。

1. 设计意图

茶叶具有解毒功效，是一种健康的饮料。伴随着科学技术的发展，茶叶的各种医疗保健功能不断地被发现，饮茶之风更是盛况空前，茶文化热不断升温。茶除了日常生活饮用外，还用于交际、议事、庆典、祭祀等方面，而茶文化与中国饮食文化相结合形成的茶膳，更具特色。茶宴最突出的健康理念，是能让您吃出健康，吃出精神，吃出好心情，是中国文化的一朵奇葩，它将一个具有民族特色的古老文化以崭新的面貌展现在世人面前。设计同时也展现了以茶叶为菜肴的特色，弘扬了茶文化的内涵与艺术品位。

2. 设计手法

餐台选用蓝色的落地台布及淡蓝色的四角台布，给人一种淡雅之感。台布中心摆放一个木制茶垫，以茶博、茶壶作为容器，以梅、兰、竹、菊"四君子"及百合为花材，表现梅的隽秀，兰的飘逸，竹的挺拔；插出两组呼应的清雅的花台，用插花技法表现人们喝酒、品茶、赏花的意境。餐具选用兰花瓷器、竹子花纹的日式骨碟及竹节杯，每位餐位前方摆上一组紫砂茶具，有茶托、闻香杯、茶杯、茶壶，台面四角分别摆上四个茶荷，在宴前每位客人都能品味到浓浓的中国茶文化。餐巾花形设计与主题密切配合，选用了"一片叶"（信阳毛尖）、"翠叶常青"（雪水云绿）、"四叶萌芽"（冰玉水仙）。菜单设计选用精美的檀香扇，菜肴设计以中国茶叶创制，如"童子敬观音""龙井虾仁""乌龙卧雪""御扇茶香骨"等菜肴，表达了几千年中国植茶、制茶、饮茶的历史。

这组宴会是一个艺术欣赏品，给人一种在此饮茶、喝酒赏花、作诗之感，适合文人、政治家、商人进行休闲宴请活动。

（六）"万寿无疆宴"主题宴会餐台设计说明

设计单位：广西南宁明园新都大酒店；设计者：宾玉敏。

1. 设计意图

这是一组传统的宴会，通过餐台的设计，表现了中国人对长者的敬重和对生命的热望。

2. 设计手法

餐台选用红、黄相间的动感台裙，其色彩传统，造型现代，红的热烈，黄的富贵，使寿宴主题尽显其中。鲜红绸缎椅垫祝贺之意浓重，且是红黄相间动感台裙之延伸。服务员选用宽是桌高1.5倍的金色绸缎，另选桌高0.5倍的红色丝绸，将其一边与金绸的上三分之一处连接。别台裙时，将上三分之一金绸缎向外折叠，然后从右至左侧制作波浪形动感台裙（一个波浪花的动作固定，然后从固定处向右拉回，将折叠部分向左拉动约5厘米再次固定。波浪花大小无固定限制，但注意一张餐台的波浪花间距要均匀，台裙接口处要处理巧妙）。别好台裙后，用红色绸缎点缀餐台，中心插花坐落在红绸之上。红色丝绸莲花宝座衬托了插花的色彩，鲜花中心的笑脸寿星是宴会设计之主笔，两只白鹤摆放在寿星前两侧，仙风傲骨，寿比南山。红艳艳的祝寿花和多头的玫瑰遥相呼应，五支火鹤象征长寿，黄色玫瑰和跳舞兰增添富贵之意。鲜花四周等距离摆放五只寿桃，寓意五福捧寿。整个餐台造型融汇了子女对长者的孝敬之心与祝福。寿宴餐台选用黄色"万寿无疆"瓷质餐具，餐盘、汤碗、小勺、杯具、茶具均属相同风格，特色的餐具配以金黄色餐巾。由于是传统中餐创意的寿宴餐台，因而设计者选用了餐巾杯花，用灵巧的双手折叠出一份鸟语花香。

（七）"婚宴"主题宴会餐台设计说明

设计单位：广西南宁明园新都大酒店；设计者：丘筠。

1. 设计意图

该宴会的主题为"圣洁的爱"。这是一组中西结合的婚宴台面，将为新人们提供令人难忘的婚礼。设计者通过餐台造型设计，体现出对新人的美好祝福，并在异常欢快的气氛中，让新人如醉如痴地沉浸在幸福之中。

2. 设计手法

台面主要以白色、淡粉色来装点，给人以淡雅之感，白色代表了圣洁，粉色象征着爱情。布件采用白色和粉色为主色调。台面中心以反光镜子为转盘，中心的设计与主题密切配合，以白天鹅为容器插出三组呼应台花，在设计上通过天鹅相亲相爱的形势，拼出一个爱心，点明了主题。插花采用玫瑰、百合，粉色的玫瑰是浪漫爱情的象征，白色的百合既代表纯洁，又寓意百年好合，反光镜作为底衬，更显作品的动感与浪漫。餐具采用淡绿金边垫碟，并配有考究的金边高脚杯，更显台面高雅。口布折花采用了帐篷碟花，设计者为有情人设计了一个温馨的小屋，让有情人终成眷属。从台面的设计上可感受到一对新人浪漫的爱情故事。

（八）"平安祝福宴"主题宴会餐台设计说明

设计单位：顺峰餐饮管理集团。

1. 设计意图

随着中西文化的相互交融，西餐文化的乐趣、情调对国人产生了影响，设计者精心构思的"平安祝福宴"，表达了宴请人对宾客的衷心祝福。

2. 设计手法

餐台选用果绿色及粉红色为主色调，给人以色彩明丽、轻松之感。果绿色的台面中心配上一条粉红色的缎带，层次感强烈，呈现出西洋风格。粉红色的缎带上设计六组台花，插上黄花、青草的枝叶，绽放着无比旺盛的生命力，六支红蜡烛点燃了宴请人的祝福。餐具选用粉红色展示盘和淡雅花纹的主菜盘，主菜刀叉分别摆在展示盘的左右两侧，水晶高脚杯增添了台面的高雅，餐巾选用与中心相同的粉红色缎带色调与台面呼应。整个台面突出安宁、温馨、和睦，体现了宴请者对宾客平安的祝福。这组宴会适用于家宴，如母亲节、父亲节、圣诞节家宴等。

【知识链接】

黑色宴[1]

如今，人们的生活水平提高了，消费者到餐厅消费除了讲究美味可口以外，还对菜品的营养保健功能提出了要求。上海某宾馆顺应这一新的美食消费潮流，适时推出了"黑色宴"。他们花时间、查资料，请教专家学者及餐饮界的老前辈，首先选取了市场上能买得到的所有黑色食品原料，像黑木耳、黑芝麻、黑蚂蚁、蝎子、乌鸡、黑鱼、乌参、泥鳅、花菇、发菜等，然后反复斟酌，精心调配，列出了一系列黑色宴会菜谱，其菜品主要有：蚂蚁拌芦笋、椒盐泥鳅、芝麻虾、金蝎凤尾虾、葱烤海参、虾子大乌参、蟹粉黑豆腐、灵芝炖甲鱼、黑枣扒猪手、黑豆凤爪汤、黑枣汤、酒酿圆子、黑米蛋炒饭等。

◆── 课后习题 ──◆

一、思考题

1. 请简述主题宴会的特点。

2. 请简述主题宴会的种类。

3. 请分析宴会主题策划注意事项。

4. 请说明主题宴会环境设计的重要作用。

5. 主题宴会台面设计的基本要求有哪些？

6. 请阐述主题宴会服务的程序和标准设计。

---

[1] 资料来源：http://wenku.baidu.com/view/a2a063670b1c59eef8c7b497.html，有删减。

二、案例分析题

主题宴会的席间娱乐形式很多,有书法、绘画、杂技、歌舞、演唱会等。如以乡土为主题的宴会,其娱乐形式要突出热闹、平民化的特点;以国宴、正式宴会为主题的宴会,要体现隆重、热烈的氛围。现如今有些酒店在提供婚宴产品时,组织各种"喜气"席间娱乐活动以增加产品的吸引力,如坐花轿、祭祖先、拜天地、揭头盖、浪漫同心结仪式、焰火晚会、"欢乐对对碰"抽奖活动等。这些浪漫温馨的婚礼仪式,再加上专业歌手的演唱助兴、幸运来宾获奖的欢呼声、亲朋好友的声声祝福,构成了一组热闹非凡的婚庆场面,让他们在这一天中留下无比美好的回忆。还有香港某酒楼以"满汉全席"为主题,酒家提供可摆40桌的宴会场地,划分"娱乐"和"御膳"两区,仿造清廷宫女及侍卫打扮的宴会服务员站立两旁,娱乐厅搭置亭台楼阁,备有金龙缠身的黄袍,客人还可以穿戴龙袍扮皇帝。席间还有乐队演奏,"宫廷舞女"翩翩起舞,民间艺人献艺,文人骚客弄墨,真是好不热闹。光顾过的客人说:"眼福多于口福,排场胜过佳肴。"豪门大贾们趋之若鹜,不少人竟用10万港币之巨吃一席"皇帝饭"。[1]

思考: 设计主题宴会席间娱乐活动时要考虑哪些因素?

三、情境实训

1. 上网查找有关节日的台面设计主题名称,并结合所学分析该主题是采用什么方法命名的。

目的:使学生根据实例充分理解认识主题宴会台面的命名方法。

要求:查找节日宴会至少四个主题台面,分析充分。

2. 选择当地四星、五星级酒店,调查宴会部最有影响力的主题宴会菜单,并对其设计进行比较分析。

目的:通过调查分析使学生了解主题宴会菜单设计在实际中的应用情况。

要求:小组调查,提交报告,选择本地四星级以上酒店。

---

[1] 资料来源:http://wenku.baidu.com/link?url=WOCVsXbTM3eBDQV6CFfaZPVKeNRNdBPnAjv_AakQk6PvqQ7XjNVimX1jAHQp65l8hPw4UuAJTpUo-zcN-H8sfCHtqi04eD1JcW80HWzadN_,有删减。

参考文献

［1］叶伯平.宴会设计与管理（第3版）[M].北京：清华大学出版社，2011.

［2］郑向敏.宴会设计（第2版）[M].重庆：重庆大学出版社，2011.

［3］刘澜江，郑月红.主题宴会设计 [M].北京：中国商业出版社，2005.

［4］刘根华.宴会设计 [M].重庆：重庆大学出版社，2009.

［5］王珑.宴会设计 [M].上海：上海交通大学出版社，2011.

［6］叶伯平，鞠志中，邱琳琳.宴会设计与管理 [M].北京：清华大学出版社，2007.

［7］王利娜，郑向敏.我国主题酒店之主题展示 [J].饭店现代化，2010（1）.

［8］全国旅游职业教育教学指导委员会.餐饮奇葩未来之星 [M].北京：旅游教育出版社，2013.

［9］周宇，颜醒华，钟华.宴席设计实务（第2版）[M].北京：高等教育出版社，2010.

［10］贺习耀.宴席设计理论与实务 [M].北京：旅游教育出版社，2010.

［11］丁应林.宴会设计与管理 [M].北京：中国纺织出版社，2008.

［12］肖晓.主题酒店创意与管理（第2版）[M].成都：西南财经大学出版社，2010.

［13］王秋明.主题宴会设计与管理实务 [M].北京：清华大学出版社，2013.

［14］王美萍，杨柳.餐饮成本核算与控制 [M].北京：高等教育出版社，2010.

［15］劳动和社会保障部教材办公室.宴席设计与菜点开发（第2版）[M].北京：中国劳动社会保障出版社，2008.

［16］何丽芳.酒店服务与管理案例分析（第2版）[M].广州：广东经济出版社，2008.

［17］程新造，王文慧.星级饭店餐饮服务案例选析（第2版）[M].北京：旅游教育出版社，2007.

［18］王大悟，刘耿大.酒店管理180个案例品析（第4版）[M].北京：中国旅游出版社，2010.

［19］曹希波.新编现代酒店服务与管理实战案例分析实务大全 [M].北京：中国时代经济出版社，2013.

［20］贺习耀.宴席设计理论与实务 [M].北京：旅游教育出版社，2011.